[日]高嶋绫也 著
卞梦晨 译

素食绫也的创意料理

中国轻工业出版社

实现全人类与动物和谐共处的膳食

大家好，我是高嶋绫也，是《Peaceful Cuisine》（《素食绫也》）视频专栏的主理人，但不仅限于做料理，我喜欢一切手作的东西，所以我的日常生活就是做自己喜欢的东西，做自己喜欢的事。《Peaceful Cuisine》于 2011 年开始更新，当时几乎很少能在网络上看到以视频的方式介绍素食食谱，那个时候烹饪、摄影均由我自己一个人完成。

饮食，对于很多人来说是生活中的一大乐趣。但是，由于过分顾及自己的感受，“每天的饮食对身体会产生怎样的影响?”“过剩的粮食生产对地球环境会造成怎样的危害?”我发现这些很重要的事反而被大家忽略了。我们每天所吃的东西从哪里来？是如何制作的？对我们身边的环境会产生什么样的影响？食用之后我们的身体又会发生什么样的变化？虽然并没有详细的数据记载来佐证，但“吃什么”这个选择对我们的身体和地球环境所产生的危害确实是超乎想象的。然而与此同时，通过改变我们的选择，不仅可以解决身体不适等个体的烦恼，甚至可以改善此时全球正面临的环境破坏问题——可以说，饮食的选择中的确隐藏着如此强大的力量。那么，在我们每天的日常生活中，到底吃什么样的东西更有益呢？如果出于人类自身的身体状况去考虑的话，那么仁者见仁、智者见智，并没有绝对正确的答案。由于我们每个人的体质都各不相同，即使是同一个人，昨天和今天的身体状况也存在微妙的变化，因而自身所需的食物营养也不尽相同。所以我们要观察并注意每天的身体状况，针对自身需求选择应季食材来吃。全世界有各种各样的饮食方式，我认为不存在“只要遵守这个饮食法就会万事OK”的理念，“吃什么好?”我们应该去询问自己的心和身体，选择最适合自己的。这样的选择不仅仅是为了自己的身体，更是一件意义非凡的事。

本书是从开篇所提到的《Peaceful Cuisine》这档料理视频节目中进行广泛选择、整理而成的不使用任何动物性食材的素食食谱集。就像我刚才所说过的，本书中所收录的食谱并不是告诉大家“该吃什么”，而是想要介绍对身体有益、对世界环境有益、让地球上生存的人类和动物们和谐共处的膳食食谱。如果能够为对这样的饮食感兴趣并想要尝试的各位朋友提供帮助的话，将是我的荣幸。

高嶋绫也

目录

【本书的使用方法】

- 涉及“甜味调料”“植物油”的地方，请选择自己喜欢的甜味调料、植物油。
- 依据食谱内容及步骤的不同，每篇食谱会采用更适合的重量计量单位来表述，如：克、小匙、大匙等。此外，食谱中虽然注明了调味料的标准用量，但是也可以根据自己的喜好及必要性进行相应的调整。
- 如果想要更详细地了解本书中所收录的食谱，可以在油管（YouTube）上参考作者开设的视频专栏《Peaceful Cuisine》，虽然可能食谱的名字或使用食材有些许变化，但本书所收录的食谱基本在上述平台中都可以找到。通过搜索食谱名及“Peaceful Cuisine”即可，大家可以作为参考进行使用。

〔面包与饭类〕

BREAD AND GRAINS

巧克力大理石纹面包

CHOCOLATE MARBLE BREAD

材料（可制作1个）

高筋面粉………… 400克
全麦高筋面粉…… 100克
椰子油 ……………… 20克
甜味调料…………… 20克
盐 ………… 1小匙（5克）
温水…… 250~300毫升
干酵母 ……………… 10克
可可粉 ……………… 15克

1. 将干酵母放入温水中溶解，溶解后与除可可粉以外的其他配料全部混合在一起搅拌。充分搅拌至完全扩展后揉成一个面团，然后按3：2的比例分成两个原味面团。
2. 在小面团中加入可可粉，充分揉至完全扩展，制作成巧克力面团。如果面团不够松软，就通过加水来调整面团的松软程度。
3. 将原味面团与巧克力面团分别放入不同的容器内，进行基础发酵，发酵至2倍大。发酵的环境要保持一定湿度，防止面团变干。
4. 将原味面团分成3等份，巧克力面团分成2等份，面团分好后再一一揉圆。
5. 用擀面杖将每个面团擀成直径15厘米左右的圆形面皮，原味面皮与巧克力面皮交错叠放。将叠放好的面皮用擀面杖擀至直径30厘米左右。
6. 将面皮从左至右卷起来，卷成圆柱形后由上至下压扁。
7. 在压扁后的面团上纵切两刀，注意顶端不要切断，然后用编三股辫的方式对面团进行整形。
8. 在长方形面包模具中薄涂一层油（配方用量外），将整形好的面团放入模具中，进行二次发酵，继续发酵至2倍大。发酵的环境要保持一定湿度，防止面团变干。
9. 烤箱预热至180℃，烘烤35分钟。

小贴士 因为注重更健康的饮食，所以我在用料中混入了全麦高筋面粉。也可以全部使用精白高筋面粉，或者将全麦高筋面粉的比例调得更高。选用椰子油是因为我认为椰子油会与可可的香气相得益彰，但如果感觉其他植物油更适合的话，也可以用任意品种的植物油代替。也可以尝试将可可粉替换成抹茶粉等。由于本配方是按主食面包来做的，所以口味较清淡。如果想做成点心面包的话，可以试着提高油和甜味调料的比例。

蔬菜咖喱小餐包

VEGETABLE CURRY BUNS

材料（可制作6个）

· **面包坯**

全麦高筋面粉……100克
高筋面粉…………100克
植物油………………10克
甜味调料……………10克
盐………1/2小匙（3克）
温水……………140毫升
干酵母……1小匙（5克）

· **馅料**

洋葱……………200克
土豆……………100克
胡萝卜……………80克
青椒………………40克
大蒜…………………1瓣
生姜………………少量
水……………100毫升

咖喱粉…………2大匙
盐……………$1\frac{1}{2}$小匙
低筋面粉……$1\frac{1}{2}$大匙
植物油…………少量

1. 将大蒜和生姜切末，其他的蔬菜切丁。平底锅中倒油，烧热，炒香生姜末和蒜末，炒出香气后加入其他蔬菜继续翻炒。
2. 加入少量的水（配方用量外），将蔬菜煮熟。
3. 将咖喱粉、盐、低筋面粉用水溶解，倒入锅中与蔬菜一起翻炒。当汤汁开始变得浓稠时关火，让其自然冷却备用。
4. 将面包坯所用材料全部混合在一起，充分搅拌至完全扩展后揉成一个面团。
5. 面团进行基础发酵至2倍大。发酵的环境要防止面团变干。
6. 将面团分成6等份，用擀面杖擀成圆形面皮后，包入步骤3制成的馅料。
7. 用喷雾器或其他工具使所有的面团沾上水后，裹满面包糠（配方用量外）。收口的一面朝下摆放，略微进行二次发酵。
8. 用180℃的油（配方用量外）将每面各炸2分钟，炸至金黄色即可。

小贴士 油炸的方式更美味，但如果想更健康的话，也可以使用烤箱或烤面包机烤熟。如果有喷油瓶的话，可以先在所有的面团上喷一层薄薄的油后再进行烤制，这样表面不会太干燥，尽管如此，这种方法也比油炸法更健康。此食谱中的馅料仅使用了蔬菜，还可以根据个人的喜好加入豆类、坚果、大豆肉等，也会很美味。

黑芝麻红豆包

SWEET RED BEAN BUNS

材料（可制作6个）

· **面包坯**

全麦高筋面粉 ···· 150克
高筋面粉 ·········· 150克
植物油 ················ 15克
玉米砂糖 ············ 20克
盐 ········ 1/2小匙（3克）
温水 ················160毫升
干酵母 ·················· 3克

· **红豆馅**

红豆 ·············· 100克
玉米砂糖 ·········· 80克
黑芝麻 ·············· 20克

1. 将红豆用适量的水（配方用量外）浸泡一晚，然后直接用热水（配方用量外）煮。当红豆开始变软时，加入玉米砂糖。继续煮至红豆进一步变软，直至将水分收干。
2. 用温水将干酵母溶解，并与面包坯的其他材料全部混合在一起，充分搅拌至完全扩展后揉成一个面团。
3. 面团进行基础发酵至2倍大。发酵的环境要防止面团变干。
4. 用平底锅炒黑芝麻直至香气溢出，并用擂臼将其捣碎。然后与步骤1中的红豆混合搅拌在一起。
5. 将面团分成6等份，蘸取少许面粉并用擀面杖擀成圆形面皮。
6. 在每个面皮中心包入步骤4制成的黑芝麻红豆馅。收口的一面朝下摆放，略微进行二次发酵。
7. 在面团的顶部撒少许黑芝麻（配方用量外），在此之上铺一层烘焙纸，并压上一层盖板。
8. 烤箱预热至180℃，烘烤20分钟。

小贴士 如果没有平的盖板，那么不压盖板直接烤制也没问题，这样可以做出圆蓬蓬的红豆包。我有不锈钢及铜质的盖板，都非常好用。

南瓜包

PUMPKIN BUNS

材料（可制作8个）

· **面包坯**

- 高筋面粉…………300克
- 南瓜皮………………50克
- 温水……………120毫升
- 干酵母…………………5克
- 螺旋藻（可不加）
  ………………………1小匙
- 甜味调料……………10克
- 植物油………………15克
- 盐………1/2小匙（3克）
- 烤南瓜子……………适量

· **馅料**

- 白腰豆……………100克
- 南瓜果肉…………200克
- 甜味调料……………80克

1. 将白腰豆用适量的水（配方用量外）浸泡一晚，然后直接用水煮。当白腰豆开始变软时，加入甜味调料。继续煮至白腰豆进一步变软，直至将水分收干。
2. 南瓜去子，切成二三厘米的大块。蒸至变软。蒸好之后将果皮和果肉分离。
3. 将步骤1中的豆子和南瓜果肉放入料理机中搅打成糊状物。
4. 将南瓜皮、螺旋藻、甜味调料、温水放入搅拌机中搅拌，加入干酵母后备用。
5. 在高筋面粉中加入植物油、盐及步骤4制成的材料，充分搅拌至完全扩展后揉成一个面团。
6. 面团进行基础发酵至2倍大。发酵的环境要防止面团变干。
7. 将面团分成8等份，蘸取少许面粉（配方用量外），用擀面杖擀成直径15厘米左右的圆形面皮。
8. 在每个面皮中心包入步骤3制成的糊状物，在顶部收拢至一起。一定要捏紧收口，防止面团开口。
9. 用风筝线等细线蘸取少许面粉（配方用量外），在面团上使用十字交叉的方法压两次，压出8条纹路。为了保持纹路，将细线缠在面团上绑好，绑的时候需留有一定空间。
10. 略微进行二次发酵（20～30分钟），发酵的环境要防止面团变干。
11. 烤箱预热至160℃，烘烤20分钟。
12. 拆掉细线，在顶部装饰上烤南瓜子。

小贴士 细线如果与面团之间没有空间，那么在二次发酵到成品这期间由于面团会继续发酵膨胀，细线将被埋在面团中，导致拆取细线时破坏面包的造型。因此捆绑细线时不要绑得过紧，记得将面团膨胀的量也考虑在内，以留出足够的空间。螺旋藻的加入是为了表现出南瓜皮的色泽，不加也没问题。反之，如果增加螺旋藻的用量至1大匙左右的话，颜色会更偏绿，看起来更像南瓜。

抹茶红豆麻花面包

MATCHA & ADZUKI TWISTED BREAD

材料（可制作6~8个）

· **面包坯**

- 全麦高筋面粉…250克
- 高筋面粉………250克
- 植物油……………20克
- 甜味调料…………20克
- 盐 ……3/4小匙（4克）
- 温水… 300～350毫升
- 干酵母………………5克
- 抹茶粉…1大匙（8克）

· **红豆馅**

- 红豆………………100克
- 玉米砂糖…………80克

1. 将红豆用适量的水（配方用量外）煮。水沸腾后将热水倒掉，换水再次煮至沸腾，水不够时可中途加水。当红豆开始变软时，加入玉米砂糖继续煮，直至水分收干。
2. 将干酵母用温水溶解，溶解后与全麦高筋面粉、高筋面粉、植物油、甜味调料和盐混合在一起搅拌，充分搅拌至完全扩展后揉成一个面团。
3. 将面团分成2等份，其中一个加入抹茶粉，再次分别揉面。揉好后，让面团进行基础发酵至2倍大。发酵的环境要防止面团变干。
4. 将每个面团再分成2等份，蘸取少许面粉（配方用量外），用擀面杖擀开。此时，将4个面团擀成相同大小的长方形。
5. 擀开的面皮中间夹上步骤1制成的红豆馅并依次叠放。自下至上按照如下顺序：原味面皮、抹一层红豆馅、抹茶面皮、抹一层红豆馅、原味面皮、抹一层红豆馅、抹茶面皮。
6. 将重合好的面皮分成6～8等份，每份都纵切两刀，注意顶端不要切断，然后用编三股辫的方式对面团进行整形。整形完成后略微进行二次发酵，发酵的环境要防止面团变干。
7. 烤箱预热至180℃，烘烤20分钟。

小贴士 此配方的红豆馅控制了甜度，如果想制作口感更甜的面包，请在煮红豆时增加甜味调料的用量。另外，步骤6中虽然写有“将重合好的面皮分成6～8等份”，但是也可以分成更小的等份，即编成又细又长的三股辫，将其整形成链状。配方中可以将红豆馅替换成椰枣、苹果、核桃等的糊状物，制作面包坯时可将抹茶粉替换成桂皮粉，只要肯动脑筋将会变幻出丰富多样的口味。

苹果肉桂卷

APPLE CINNAMON ROLL

材料（直径18厘米，可制作1个）

· 面包坯

- 高筋面粉……300克
- 植物油…………15克
- 盐……1/2小匙（3克）
- 甜味调料………15克
- 温水…………160毫升
- 干酵母……………5克

· 馅料

- 苹果……………200克
- 黑糖………………30克
- 肉桂粉…………1小匙
- 水……………100毫升
- 核桃（生）……50克
- 葡萄干…………30克

椰蓉…………………10克

1. 将干酵母用温水溶解，溶解后与面包坯的其他材料全部混合在一起搅拌，充分搅拌至完全扩展后揉成一个面团。面团进行基础发酵至2倍大。发酵的环境要防止面团变干。
2. 苹果去皮去核，切成小四方块。将黑糖、肉桂粉、水一起放入锅中，小火煮至水分收干。
3. 在步骤2制成的材料中加入核桃和葡萄干，混合后备用。
4. 轻揉面团使其排气，然后用擀面杖擀成长方形。
5. 将步骤3中混合好的材料铺在长方形面皮上，以卷海苔的方式将面皮一层一层卷起。卷的时候，从长方形面皮的长边卷起。
6. 将卷好的面皮分成六七等份，断面朝上，在模具中摆好。然后进行二次发酵至2倍大。发酵的环境要防止面皮变干。
7. 在所有面皮上撒椰蓉。烤箱预热至180℃，烘烤30分钟。

小贴士 按此配方制作，成品为一个直径18厘米的圆形面包。当然也可以做成其他形状，如将每个面皮卷排成一列的细长型大面包，或像玛芬蛋糕一样的一个一个小面包。若没有苹果，可以大量使用柑橘类水果的果肉和果皮代替制作馅料，味道也会很美味。比如橘子和薄荷就是特性相合的搭配组合。不过，与苹果相比，柑橘类水果的水分更大。我觉得用椰枣将其水分煮干后当作馅料使用会更好。

巧克力碎蜜瓜包

CHOCOLATE CHIP MELON PAN

材料（可制作8个）

· 主面团

- 高筋面粉……250克
- 蜜瓜果肉……150克
- 植物油……25克
- 玉米砂糖……25克
- 盐……1/2小匙（3克）
- 干酵母……5克
- 巧克力碎……80克

· 酥皮

- 低筋面粉……140克
- 豆浆……40克
- 椰子油……30克
- 玉米砂糖……50克
- 香草精……1小匙

1. 将酥皮所用材料全部混合在一起，用保鲜膜包好放入冰箱静置30分钟。
2. 使用搅拌机搅打蜜瓜果肉，并加入干酵母使其化开。
3. 将玉米砂糖、植物油、盐及步骤2制成的材料加入高筋面粉中混合，充分搅拌至完全扩展后揉成一个面团。面团进行基础发酵至2倍大。发酵的环境要防止面团变干。
4. 将步骤3制成的面团分成8等份，每一个面团中加入10克巧克力碎。充分揉面团，将面团整成球形。
5. 将步骤1的酥皮面团分成8等份，并将每个面团揉成球形。铺一张大的保鲜膜，将面团在保鲜膜上间隔排开，最后覆上一层保鲜膜。
6. 隔着保鲜膜，用擀面杖将每个酥皮面团擀成薄圆形面皮。
7. 去掉保鲜膜，将酥皮面皮盖在步骤4制成的面团上。
8. 用蜜瓜包专用模具在面团表面压出蜜瓜包的纹路。
9. 进行二次发酵至2倍大。发酵的环境要防止面团变干。
10. 烤箱预热至160℃，烘烤20分钟。

小贴士 主面团如果使用蜜瓜，发酵时很容易松弛，不易整形，因此第一次做不建议使用蜜瓜，可以用温水代替。酥皮如果做得太厚，二次发酵时主面团不易膨发；如果做得太薄，又会不胜主面团的发酵力而造成酥皮微裂。若想做出完美的蜜瓜包的确需要掌握技巧，但是制作过程本身就充满乐趣，因此请大胆尝试吧。

印度薄饼

KABULI NAAN

材料（可制作3张）

· **主面团**

- 高筋面粉 ………… 300克
- 全麦高筋面粉 …… 200克
- 植物油 ……………… 20克
- 甜味调料 …………… 20克
- 盐 ………… 1小匙（5克）
- 温水 ……………… 320毫升
- 干酵母 ……………… 5克

· **枣泥馅**

- 椰枣 …………………… 120克
- 喜欢的坚果（生）…… 120克
- 椰蓉 …………………… 60克
- 肉桂粉 ………………… 1小匙
- 水 ……………… 50～100毫升

1. 将干酵母用温水溶解，静置几分钟后与主面团的其他材料混合在一起搅拌，充分搅拌至完全扩展后揉成一个面团。面团进行基础发酵至2倍大。发酵的环境要防止面团变干。
2. 将椰枣、坚果、椰蓉、肉桂粉放入料理机中打成糊状物，为了防止过于黏稠，可逐量加水进行稀释。
3. 将步骤1制成的面团分成6等份。将每个面团蘸取少许面粉（配方用量外），并用擀面杖擀成厚约5毫米的圆形面皮。
4. 在面皮上薄薄地铺一层步骤2制成的糊状物，然后再盖上一层面皮，将枣泥馅夹在面皮中间。为了防止上下两层面皮分离，请将面皮边缘压紧，并用竹签等工具在表面扎一些小孔。
5. 用平底煎锅每面各煎两三分钟。

小贴士 我曾经去印度的餐馆时，在菜单中看到了这道料理，即夹着香甜枣泥馅的印度薄饼。虽然我十分喜爱它的味道，但是无论去哪家餐馆吃到的都非常甜，因此我在此次的配方中控制了甜度。椰枣既是可以直接食用的一种干果，同时也是制作口味偏甜的糊状物时十分好用的食材，请大家一定要试一试。中东地区甚至大量售卖新鲜的含有水分的椰枣，如果有机会去的话，请一定要尝一尝。

素食比萨

VEGETABLE PIZZA

材料（直径30厘米，可制作2张）

· **比萨饼皮**

低筋面粉 ········ 150克
高筋面粉 ········ 150克
橄榄油 ············· 10克
盐 ····· 1/2小匙（3克）
温水 ············ 170毫升
干酵母 ················ 3克
甜味调料 ············ 3克

· **芝士酱**

腰果（生）············ 60克
水 ···················· 250毫升
盐 ·········· 1/2小匙（3克）
苹果醋 ········ 1小匙（5克）
橄榄油 ····· 1大匙（10克）
木薯淀粉（或葛粉、土豆淀粉）······ 2大匙（18克）

· **配菜**

番茄酱 ······ 4大匙
土豆 ········ 200克
蘑菇 ·············· 4朵
番茄 ········ 200克
盐、胡椒 ····· 少量
橄榄油 ········ 适量
罗勒叶 ········ 适量

1. 将干酵母与甜味调料用温水溶解，静置几分钟，然后与比萨饼皮的其他材料混合在一起搅拌，充分搅拌至完全扩展后揉成一个面团。面团进行基础发酵至2倍大。发酵的环境要防止面团变干。
2. 将芝士酱所有材料全部放入搅拌机中搅拌，搅拌好后倒入锅中，用小火加热至黏稠。
3. 步骤1制成的面团蘸取少许面粉（配方用量外），使用擀面杖擀成薄圆形面皮。
4. 在面皮上铺一层番茄酱，将土豆、蘑菇、番茄切成薄片铺在上面，然后盖上一层步骤2制成的芝士酱，最后撒少许盐和胡椒，并倒一层橄榄油。
5. 烤箱预热至230℃，烘烤10分钟。烤好后点缀上罗勒叶作为装饰。

小贴士 制作比萨饼皮的时候，也可以将150克低筋面粉和150克高筋面粉替换为300克中筋面粉。此芝士酱的做法是最基础的配方，大家也可以根据自己的口味进行改良，比如将20%～30%的腰果替换成松仁、开心果、榛子等其他坚果，也可以加入大蒜粉、洋葱粉、干香草粉等。木薯淀粉的用量会改变其软硬程度，可以根据自己喜欢的口感调整用量。

燕麦粥

OATMEAL

材料（1人份）

燕麦…………………80克
豆浆………………200克
香蕉……………………1根
可可豆碎…………1大匙
枸杞子……………1大匙

1. 在锅中加热燕麦和豆浆。用小火加热至沸腾，加热时需不停搅拌，以防止煳锅。
2. 将加热好的燕麦豆浆盛入碗中，加入切成片的香蕉、可可豆碎、枸杞子。

小贴士 我几乎每天的早餐都是这款燕麦粥。很多时候也会用“坚果奶”代替豆浆。将20克腰果、10克杏仁、300毫升水放入搅拌机中制成“坚果奶”，并将燕麦连同所有沉渣一起倒入锅中，用火加热。若想用其他的坚果替换腰果和杏仁也没问题，不过腰果碎渣的口感会更顺滑。配料的话，秋冬季节可以用苹果代替香蕉，不放可可豆碎和枸杞子也行。

什锦糯米饭

STEAMED GLUTINOUS RICE WITH VEGETABLES

材料（直径20厘米的蒸笼，可制作1笼）

糯米……………… 450克

· **配料**

干香菇……………… 8克
水 ……………200毫升
干羊栖菜………… 5克
胡萝卜…………… 50克
牛蒡……………… 50克
核桃（生）……… 40克
味醂………………2大匙
酱油……………… 1大匙
盐 ……………… 1/4小匙

· **调料**

清酒………………2大匙
酱油……………… 1大匙
盐 ……………… 1/2小匙
水 ……………100毫升

1. 将糯米放入水（配方用量外）中浸泡6～12小时，沥干后备用。
2. 用200毫升的水泡发干香菇，水不要倒掉。并用少量水（配方用量外）浸泡干羊栖菜，约10分钟后沥干备用。将胡萝卜和牛蒡切细丝。
3. 将泡发的香菇及泡香菇的水、羊栖菜、胡萝卜、牛蒡、味醂、酱油、盐放入平底锅中煮，直至水分收干。
4. 将调料所用材料倒入锅中，煮开后立即关火。
5. 另起一锅烧水（配方用量外），水开后将糯米放入蒸笼中蒸10分钟。
6. 蒸好的糯米倒入碗中，加入切碎的核桃以及步骤3、步骤4制成的材料，拌匀。
7. 将步骤6的材料倒回蒸笼中，上火蒸15分钟。
8. 从蒸笼中取出食材，铺在一个浅盘中略微冷却。

小贴士　用竹制蒸笼制作糯米饭时，会散发出一种非常绝妙的清香。蒸的过程中，家中四处飘散着沁人心脾的香气，实在是很幸福。竹制蒸笼如果注意维护保养的话，可以使用相当长的时间，因此有机会一定要试试哦。我都是购买粗糙的糯米，每次使用的时候再用家用碾米机将其碾碎至所需程度。一旦碾成精白米，就容易氧化（对机器造成损坏），所以家用碾米机请务必保持清洁。

泰式炒饭

SPICY THAI FRIED RICE

材料（2人份）

泰国香米……… 300克	花生……………… 80克	植物油 ……………2大匙
椰奶……………… 100克	大蒜………………… 1瓣	酱油………………3大匙
水 ……………260毫升	罗勒叶 …………… 适量	盐 ……………1/2小匙
洋葱……………… 100克	香菜叶 …………… 适量	黑胡椒 ……………少量
豆角……………… 100克	辣椒………………… 1根	

1. 将泰国香米、椰奶与水混合在一起，用小火煮15分钟。
2. 将洋葱切薄片，豆角切段，大蒜切末，花生和罗勒叶略微切碎。
3. 锅中倒油，烧热，炒香蒜末和洋葱，加入豆角、花生、罗勒叶及切碎的辣椒，继续翻炒。
4. 加入煮好的泰国香米、酱油、盐、黑胡椒，继续翻炒，关火前加入切成小段的香菜，翻拌均匀。

小贴士 我出国的时候经常会去泰式料理店。大多数情况下，针对素食主义者，任何菜式都可以将肉、鱼类或贝类替换成豆腐等。我在日本的泰式料理店中几乎没有找到这样的服务，但大部分菜单上都会有“vegetable（蔬菜）”或“tofu（豆腐）”的选项。另外，此配方中使用椰奶来煮泰国香米，如果仅用水来煮也会十分美味。虽然也可以使用中国的大米或印度香米来制作，然而还是泰国香米做出来的味道最正宗，因此一定要用泰国香米试一试。

寿司小卷

VEGETABLE SUSHI ROLLS

材料（可制作二三卷）

· **醋饭**

大米…………… 300克
水 ……………400毫升
米醋……………50毫升
甜味调料………… 10克
盐 …… 3/4小匙（4克）

· **豆浆蛋黄酱**

豆浆……………… 80克
植物油………… 100克
醋 ………………… 8克
芥末……………… 8克
甜味调料………… 8克
盐 ……… 1小匙（5克）

· **配料**

天贝…………… 200克
黄瓜……………… 1根
胡萝卜…………… 1根
熟白芝麻………… 适量
海苔……………二三张
豆苗……………… 适量

1. 用400毫升的水将大米蒸熟。将米醋、甜味调料、盐混合在一起制成寿司醋，倒入蒸熟的米饭中拌匀，即成醋饭。
2. 将豆浆蛋黄酱所用的全部材料放入搅拌机中搅拌。
3. 将天贝切丁，并与步骤2制成的材料混合在一起。
4. 将黄瓜和胡萝卜切成细长条。
5. 在卷帘上铺一张海苔，将步骤1制成的醋饭铺满整张海苔。在醋饭上撒满熟白芝麻，在上面覆盖一层保鲜膜。在此之上再盖一层卷帘，然后上下翻面，将铺有海苔的一面置于顶部。
6. 去掉卷帘，在海苔上摆放步骤3中的天贝丁、黄瓜条和胡萝卜条。将其拉近一些比较容易卷起来，卷的时候注意不要将保鲜膜卷进去。
7. 卷好之后按照自己喜欢的厚度切分，最后点缀上豆苗即可。

小贴士 最近我发现市面上售卖的豆浆蛋黄酱的种类越来越多，虽然在纯天然食品店中很容易买到，然而自己在家也可以轻而易举地做出来。我通常使用的植物油是日本太白芝麻油。这款油的香气较弱，因此不会破坏蛋黄酱的味道，我比较推荐。寿司卷中卷入的食材不一定非按本配方来，也可以根据自己的喜好随意调整。天贝也可以提前用酱油、生姜、大蒜等腌渍一下，或者过油炸一下后使用。我个人也很喜欢像加利福尼亚卷一样加入一些牛油果。

玉米紫苏叶炒饭

FRIED RICE WITH CORN AND SHISO

材料（2人份）

大米	300克	芝麻油	2大匙
水	360毫升	紫苏叶	10片
洋葱	100克	盐	1小匙
玉米粒	100克	黑胡椒	少量

1. 用360毫升的水将大米蒸熟。
2. 将洋葱切碎。
3. 平底锅中倒芝麻油，烧热，炒香洋葱和玉米粒，加入盐、黑胡椒调味。
4. 在平底锅中加入米饭和切碎的紫苏叶，翻炒均匀。

小贴士 玉米与紫苏叶搭配在一起，味道绝佳。紫苏叶一年四季都可以买到，玉米非应季时虽然可以用罐头来做，但是味道和口感绝对不及应季时节收获的鲜玉米。因此在玉米的应季时节，请一定要用新鲜的玉米做一次。做炒饭的时候，经常会用藜麦代替大米，或者用一半大米一半藜麦，一般根据自己当时的心情来调整用量。藜麦的味道和口感也非常棒。大家如果有兴趣的话，可以用藜麦试试。

蘑菇意大利烩饭

MUSHROOM RISOTTO

材料（4人份）

大米…………………300克

干香菇 ……………… 10克

水 …………………800毫升

喜欢的蘑菇 ……… 200克

洋葱……………… 150克

大蒜……………………… 1瓣

椰子油 ……………… 1大匙

橄榄油 ……………… 1大匙

白葡萄酒……… 100毫升

盐 ………………………2小匙

白胡椒 …………… 适量

1. 将干香菇切成合适的大小，与大米一同用水浸泡30分钟左右。
2. 将蘑菇切成自己喜欢的大小，洋葱切丁，大蒜切末。
3. 锅中倒入椰子油和橄榄油加热，加入蒜末炒香后，倒入洋葱、蘑菇继续翻炒。
4. 锅中加入步骤1浸泡后的大米和香菇，继续翻炒。大米炒至透明后倒入白葡萄酒，略微煮至水开。
5. 将浸泡过大米和香菇的水倒入锅中，盖上锅盖用小火煮15分钟左右。
6. 关火，撒入盐和白胡椒搅拌均匀，进行调味。

小贴士 由于纯素食主义者做的意大利烩饭不使用芝士和黄油，味道一般比较清淡，所以通过加入椰子油可以使口味变得更丰富。若是想让味道变得更有层次感，可以加入烘烤过的坚果、松仁或酒糟等。如果将10%~20%的大米替换成大黄米或小米，口感也很棒。另外，搭配香草也十分美味，请一定要选择自己喜欢的香草试一试。

〔汤羹与菜肴〕

SOUP AND SIDE DISHES

蔬菜煎饺

PAN-FRIED DUMPLINGS

材料（可制作15个）

· **饺子馅**

- 大豆肉（肉末）……50克
- 大葱……50克
- 圆白菜……50克
- 大蒜……1瓣
- 生姜……1块
- 酱油……2大匙
- 味醂……1大匙
- 芝麻油……1大匙
- 白胡椒……少量

· **饺子皮**

- 全麦低筋面粉…100克
- 水……50～60毫升

1. 用适量的水（配方用量外）将大豆肉煮熟，沥干。
2. 将大葱切成葱花，圆白菜切成小片，大蒜和生姜碾成碎末。
3. 将步骤1、步骤2制成的材料与饺子馅所用调料全部混在一起搅拌。
4. 在全麦低筋面粉中加入水后搅拌，轻揉成一个细长的圆柱形面团。将面团切分成每个10克的面剂子。
5. 将步骤4中的面剂子蘸取少量面粉（配方用量外），用擀面杖逐个擀成圆形饺子皮。
6. 用步骤5中的饺子皮包住步骤3制成的饺子馅。
7. 在平底锅中倒入1大匙油（配方用量外），并将饺子排列摆放好。加入100毫升的水（配方用量外）。盖上锅盖用中火煎四五分钟。
8. 揭开锅盖继续煎，直至水分收干。

小贴士 此配方中使用的是全麦低筋面粉，若使用精白低筋面粉也没问题。无论是将饺子皮擀圆，还是包馅，在熟练之前可能都不太容易上手，不过一旦掌握了技巧就会包得又快又好，所以不要担心，大胆尝试。如果不用平底锅煎，用热水煮熟做成水饺也非常好吃。或者在清淡的蔬菜汤中加入一点点盐做汤底，做成汤饺也很不错。

埃塞俄比亚鹰嘴豆泥

ETHIOPIAN HUMMUS

材料（4人份）

向日葵瓜子（生）……80克

鹰嘴豆……200克

大蒜……2瓣

柠檬汁……3大匙

柠檬皮……1小匙

橄榄油……2大匙

墨西哥辣椒（依据个人喜好）…适量

盐……1小匙

· 埃塞俄比亚综合香料粉（Berbere）

韩国辣椒粉……2大匙

红辣椒粉……2大匙

香菜……1小匙

姜……1/2小匙

葫芦巴……1/2小匙

小豆蔻……1/2小匙

肉豆蔻……1/2小匙

多香果……1/2小匙

丁香……1/4小匙

盐……1小匙

*辣酱做成后，此配方中使用一两小匙

1. 将鹰嘴豆用水（配方用量外）浸泡一晚，换新水后用压力锅煮5分钟左右。
2. 制作埃塞俄比亚综合香料粉。除肉豆蔻外，将其他材料全部放入研磨机中研磨成粉末。肉豆蔻用刨丝器削皮后最后加入。
3. 炒香向日葵瓜子。
4. 将所有材料（包括一两小匙埃塞俄比亚综合香料粉）放入料理机中搅成糊状物。

小贴士 一般的鹰嘴豆泥是在鹰嘴豆中加入芝麻酱，而埃塞俄比亚鹰嘴豆泥则是用埃塞俄比亚综合香料粉代替芝麻酱，这种辣酱即是混合多种多样辛香料制成的。我在埃塞俄比亚餐厅品尝这道料理的时候，并没有搭配皮塔饼吃，而是搭配着用厚土豆片炸成的薯片吃的。虽然吃多了容易变胖，但是真的很美味。制作埃塞俄比亚综合香料粉所用的全部材料很难在线下实体店中买齐，若是通过线上商城购买可能会更方便。

高粱米肉饼

SORGHUM HAMBURGER STEAK

材料（可制作10个）

高粱米 ………… 200克
水 ……………… 200毫升
洋葱 ……………… 150克
灰树花 ………… 100克
味噌 ………………… 1大匙
面包粉 …………… 50克
植物油 ………… 1大匙
黑胡椒 …………… 少量
小麦粉 …………… 少量

1. 将高粱米用适量的水（配方用量外）浸泡一晚，然后换新水后用200毫升的水煮。水沸腾后盖上锅盖，用小火煮15分钟。
2. 将洋葱切成厚度适宜的片，平底锅中倒植物油，烧热后加洋葱片进行翻炒。快速翻炒后，加入切成适宜大小的灰树花，炒至变软。
3. 用料理机将步骤2制成的材料打碎。
4. 将煮熟的高粱米、步骤3制成的材料、味噌、面包粉、黑胡椒混合在一起，整形成肉饼状。
5. 在肉饼的两面裹满小麦粉，平底锅中倒入薄薄的一层油（配方用量外），双面煎熟。

小贴士　由于高粱米颗粒大，用较少的水煮即可保有一定的嚼头，也有黏性，所以是最适合做肉饼的食材。炒香后的洋葱与灰树花是很合适的搭配。这个食谱既简单又让人很有满足感。无论是搭配萝卜泥和葱花蘸着酱油吃，还是与牛油果、烤蔬菜、豆浆蛋黄酱一起夹在又圆又软的小面包中作为汉堡包吃，都很美味。这份独特的口感、味道和黏性是高粱米所特有的，不能用其他的粗粮代替，况且高粱米很容易买到，请一定要挑战一下。

中东茄子泥

BABA GANOUSH

材料（可制作6个）

茄子………………500克

芝麻酱……………50克

大蒜…………………1瓣

柠檬汁………一两大匙

盐…………………1/2小匙

孜然粉………………少量

荷兰芹……………10克

橄榄油（可选）……适量

1. 在茄子皮上轻轻地划一刀，烤箱预热至180℃，烘烤45分钟。烤熟后用勺子将茄肉挖出来。
2. 在步骤1挖出的茄肉中加入芝麻酱、蒜末、柠檬汁、盐、孜然粉，搅拌均匀后捣成茄泥。
3. 将荷兰芹切碎，加入茄泥中继续搅拌。
4. 盛入碗中，可依据个人喜好加入橄榄油。

小贴士 我以前去埃及的时候，印象中几乎每天都在吃茄泥。埃及人常常吃一种类似皮塔饼的，被称为“Aish Baladi（埃及扁包）”的圆饼，他们一般会在圆饼上涂抹一层厚厚的茄泥搭配着吃。有一次，我偶然顺路去了一家餐馆，这家餐馆正在用柴火炉烤制这款圆饼，烤熟之后我有幸品尝了它。其外层酥脆，内层黏糯，真的是非常美味。如果将茄子用明火直接烤制，会比用烤箱烘烤的味道更香、更好吃。

法式蔬菜挞

VEGETABLE QUICHE

材料（直径24厘米，可制作1个）

· 挞皮

全麦低筋面粉……240克
水……120毫升
橄榄油……20克
盐……少量

· 配料

洋葱……100克
土豆……100克
蘑菇……50克
菠菜……50克
椰子油……2大匙
老豆腐……300克
油橄榄……30克
盐……1小匙
芥末……2小匙

1. 将挞皮所用材料全部混在一起搅拌，轻揉成光滑的面团后擀成面皮，铺在模具中。用叉子在面皮上扎一些小孔。烤箱预热至180℃，烘烤10分钟。
2. 将洋葱、土豆、蘑菇切厚片，菠菜切成两三厘米的小段，平底锅中倒入椰子油，油热后将上述配菜进行翻炒。
3. 将豆腐捣碎，加入油橄榄、盐、芥末以及步骤2中翻炒后的材料，搅拌均匀。
4. 在挞皮上铺满步骤3制成的材料，烤箱预热至180℃，烘烤30～40分钟。

小贴士 这道食谱以豆腐为基础食材，口味较清淡。如果想要做出更浓郁的口味，可以在配料中加入豆浆蛋黄酱，也可以将一部分豆腐替换成腰果等脂肪成分多或富含奶油的食材（使用腰果的时候，请用料理机将腰果打成顺滑的糊状物）。挞类是招待客人时很讨喜的料理，请一定要展示一下。

薄荷酸辣酱咖喱角

SAMOSA WITH MINT CHUTNEY

材料（可制作10个）

· 面团

全麦高筋面粉 ……………………200克
水 ……………100毫升
植物油…………… 30克
盐 ……………… 1/4小匙

· 咖喱角配料

土豆 …………… 300克
洋葱 …………… 100克
绿甜椒…………… 30克
青辣椒………… 1/2根
植物油………… 1大匙
茴香籽、孜然、
香菜籽………各1小匙
盐 ……………… 1/2小匙
姜黄根粉 …… 1/2小匙

· 薄荷酸辣酱

香菜叶………… 20克
薄荷叶………… 20克
大蒜 ……………… 1瓣
生姜 ……………… 少量
青辣椒………… 1/2根
柠檬汁………… 1大匙
水 ………… 一两大匙
盐 ……………… 1/2小匙

1. 将面团所用材料全部混合在一起搅拌，轻揉成一个面团备用。
2. 将土豆切大块，上火蒸。
3. 将洋葱、绿甜椒切至合适的厚度，青辣椒切碎。
4. 平底锅热油，将茴香籽、孜然、香菜籽略微翻炒一下。炒出香气后，加入绿甜椒、盐、姜黄根粉继续翻炒。
5. 加入洋葱、青辣椒、土豆块继续翻炒。待全部食材变软后离火，将土豆略微捣碎。
6. 将步骤1揉好的面团分成5等份，蘸取少量面粉（配方用量外），用擀面杖逐个擀成椭圆形面皮。将擀开的面皮从中间分成2等份，每个卷成像咖啡过滤器一样的倒圆锥体。
7. 在卷好的面皮中放入步骤5制成的馅料，并包紧收口。为了防止收口的地方露馅，用叉子等工具轻轻按压一下。
8. 将薄荷酸辣酱所用材料全部放入搅拌机中搅打成糊状物。
9. 将步骤7制成的咖喱角用油（配方用量外）煎炸至金黄色。

小贴士 特别饿的时候，我去印度餐厅，配菜总是会点咖喱角和帕可拉（炸蔬菜）等。因为我觉得咖喱配馕，再点一些油炸小吃，会让肚子有饱腹感，所以每次都这么点。然而令人感到遗憾的是，咖喱角和帕可拉的酱料只有番茄酱，如果能吃上薄荷酸辣酱就太幸运了。薄荷酸辣酱的味道因人而异，每家店做出来的味道也各不相同，香料的香气、辣椒的辣味以及盐味三者之间的配比妙不可言。请依照自己喜欢的口味来制作酸辣酱。

炸豆丸子

FALAFEL

材料（可制作15~20个）

鹰嘴豆……………250克
洋葱………………100克
大蒜………………2瓣
荷兰芹……………20克
香菜粉……………2小匙
孜然粉……………2小匙
泡打粉……………1/2小匙
盐…………………1/2小匙
黑胡椒……………1/3小匙

1. 将鹰嘴豆用水（配方用量外）浸泡一晚后沥干，放入料理机中打碎。
2. 将洋葱、大蒜、荷兰芹放入料理机中打碎。
3. 将步骤1和步骤2制成的材料混合在一起，加入香菜粉、孜然粉、泡打粉、盐、黑胡椒，搅拌均匀。
4. 挤成大小适宜的丸子，用油温180℃的油（配方用量外）炸至金黄色。

小贴士 炸豆丸子是中东地区常见的美食之一，是一种用鹰嘴豆做的可乐饼。由于其制作方法并不是很难，所以这道食谱我很想作为家庭料理介绍给大家。通常情况下，将炸豆丸子与番茄、生菜、圆白菜等蔬菜一起塞入皮塔饼中，抹上芝麻酱，依据喜好还可以淋上辣椒酱，是非常常见的吃法。

味噌花生酱拌豆角

GREEN BEANS WITH MISO AND PEANUT

材料（4人份）

豆角……………… 220克	花生酱 …………… 30克
蘑菇………………… 50克	味噌………………… 30克
腰果（生）……… 40克	水 …………………40毫升
植物油 ……………2大匙	巴萨米克醋 …… 1小匙

1. 将豆角和蘑菇切至合适的大小。
2. 平底锅倒油，烧热，将豆角、蘑菇、腰果炒熟。
3. 将花生酱、味噌、水、巴萨米克醋调和在一起制成酱汁。
4. 将步骤3制成的酱汁倒入平底锅中，与锅中的食材搅拌均匀。

小贴士　这道食谱本身很简单，大家可以根据自己的喜好进行各式各样的改良。如果想要辣味更刺激，就加入干辣椒。如果想要口感更清爽，就加入橙子皮。若使用白味噌，会增加甜味。由于豆角不容易变软，因此炒的时候可以加入少量的水，盖上锅盖，略微煮一段时间。

鹰嘴豆豆腐

GARBANZO TOFU

材料（4人份）

鹰嘴豆……………200克　　水………………600毫升

1. 用清水（配方用量外）将鹰嘴豆浸泡一晚，然后沥干。与600毫升的水一起倒入搅拌机中，搅打成顺滑的糊状物。
2. 使用过滤袋将步骤1中的浆液挤出来。
3. 将步骤2中过滤出来的浆液倒入锅中，一边搅拌一边用小火加热，直至浆液变得黏稠。加热的过程中注意避免煳锅。
4. 将步骤3熬制好的浆液倒入喜欢的容器中，静置1小时左右即可于常温下凝固。

小贴士　与一般的豆腐制作方法不同，这道使用鹰嘴豆制成的也是一款令人惊艳的“豆腐”。蘸着生姜酱油吃的话，仿佛在吃真正用大豆制成的豆腐一样。其口感更像嫩豆腐而非老豆腐，鹰嘴豆的味道很浓，吃起来很丝滑。在此配方中，我将600毫升的水全部与鹰嘴豆一起放入了搅拌机中，当然也可以从600毫升的水中留出100毫升，这将起到什么作用呢？那就是将搅打后的糊状物倒入过滤袋时，用这100毫升的水将残留在搅拌机中无论如何也倒不出来的部分稀释一下，然后直接倒入过滤袋中即可。

家庭自制版泡菜

HOMEMADE KIMCHI

材料（成品约2千克）

白菜	2.5千克	生姜	30克
盐	150克	甜味调料	50克
白萝卜	250克	海带	5克
苹果	100克	韩国产辣椒（粉）	150克
韭菜	30克	水	200毫升
大蒜	30克	糯米粉	20克

1. 将白菜纵切成4等份，叶子和叶子之间撒满盐。撒好盐后将其放入一个大的容器中码好，用重物压在上面，直至水分渗出。中途有必要的话，可以将白菜上下翻面，然后再次用重物压好。
2. 水分渗出、白菜变软之后，用水清洗白菜，将盐分洗掉，然后挤干水分备用。
3. 白萝卜切细丝，韭菜切成两三厘米的段，海带切成长约5厘米的丝。大蒜和生姜碾碎，苹果去皮后也捣碎。
4. 将步骤3中的材料混合在一起，并加入甜味调料和辣椒（粉）搅拌均匀。
5. 水和糯米粉倒入锅中煮至粥状，然后加至步骤4制成的材料中充分搅拌。
6. 在白菜叶与白菜叶之间抹上步骤5制成的糊状物，全部抹完后将白菜放入保存容器中。盖上盖子常温静置1天，随后放入冰箱中保存。经过30天左右即可食用。

小贴士　由于很多料理中都可以使用泡菜，所以即使做出很多也会很快用光。泡菜与米饭是很好的搭配，所以既可作为盖饭的配菜，也可搭配面条类或火锅类料理食用。当然，直接作为一道单品菜肴来吃也是十分美味的。家庭自制版泡菜的要点是辣椒的种类。由于韩国产的辣椒不是很辣，所以使用中国国产辣椒或红椒粉代替的时候，如果仍用本配方中的用量将会变得极辣，请注意这一点。另外，苹果也可以用梨代替，加入胡萝卜丝的话也很不错。

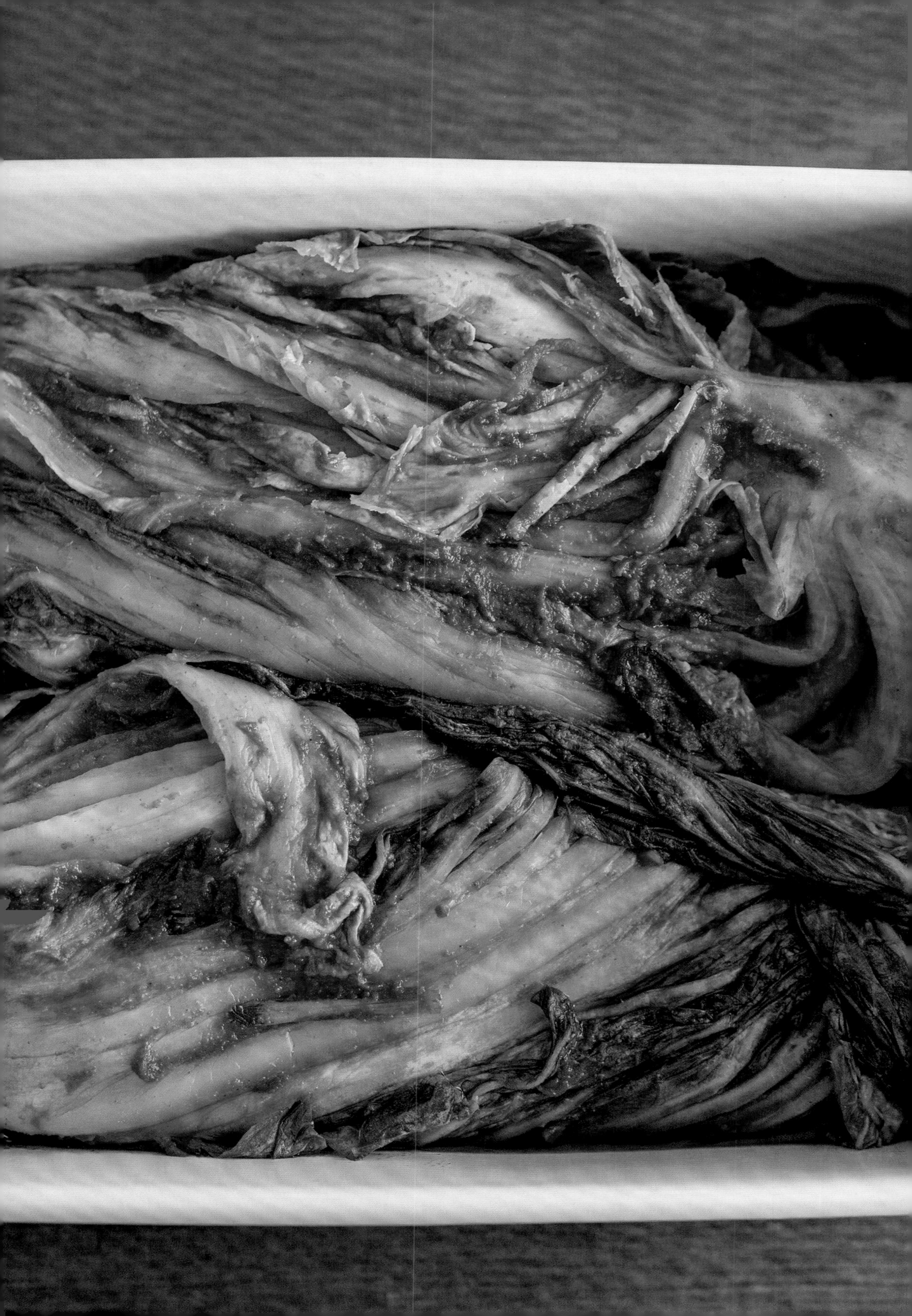

咖喱鹰嘴豆

CHANA MASALA

材料（4人份）

鹰嘴豆……………200克
洋葱………………400克
番茄………………400克
大蒜…………………1瓣
植物油……………4大匙
桂皮………………1小根
孜然………………2大匙
香菜籽……………1大匙
小豆蔻……………5粒
丁香………………5粒
印度咖喱粉………2小匙
辣椒………………适量
盐…………………1小匙

1. 将鹰嘴豆用清水（配方用量外）浸泡一晚，然后换成新水煮至变软（压力锅需煮10分钟，普通锅需煮1小时）。
2. 洋葱切薄片，大蒜切末。
3. 锅中倒油，烧热，加入桂皮、孜然、香菜籽、小豆蔻、丁香进行翻炒。炒香后加入洋葱和蒜末，继续翻炒至变成金黄色。
4. 将番茄切成大块，与鹰嘴豆、印度咖喱粉、辣椒、盐一起加入锅中，煮至水分收干。

小贴士 孜然、香菜籽、小豆蔻、丁香这些调料我使用的是颗粒状，如果使用粉末也完全没问题。另外，也可以用咖喱粉代替，只不过味道和香气会发生少许变化。番茄也可以使用番茄罐头，由于番茄罐头是已经熬制好的，所以味道十分浓郁，简直美味极了。我去印度餐厅时，经常会点这道咖喱鹰嘴豆。此外，我还喜欢用豆子制作的木豆咖喱，以及加入了香辣碳烤茄子泥的咖喱。

青咖喱
GREEN CURRY

材料（2人份）

· 青咖喱糊

- 青辣椒………… 20克
- 香菜籽……… 1/2小匙
- 孜然 ………… 1/2小匙
- 大蒜 ……………… 20克
- 生姜 ………………… 5克
- 洋葱 ……………… 50克
- 盐 ………………… 1小匙
- 香菜（带根）…… 10克
- 箭叶橙叶片……五六片

椰奶……………400毫升
棕榈糖 …………… 1大匙
酱油………………2大匙
醋 …………………… 1小匙
水 ……………200毫升
茄子……………… 200克
豆角……………… 60克
蟹味菇 …………… 60克
油炸豆腐………… 200克

1. 将青辣椒去籽。如果想要口感更辣的话，可以留一些辣椒籽。
2. 将箭叶橙叶片去掉硬茎的部分。
3. 将青咖喱糊所用材料全部放入料理机中搅拌成顺滑的糊状物。
4. 将步骤3制成的糊状物和椰奶倒入锅中，中火煮沸。
5. 将棕榈糖、酱油、醋、水、切成适宜大小的其余配菜全部放入锅中，小火煮熟。

小贴士 由于我在日本几乎买不到新鲜的柠檬草茎，所以此配方中并未加入。大家如果能买到的话，可以试着在研磨糊状物时加入一两根柠檬草，口感将全然不同，非常清爽。在此配方中，为了增加清爽感而加入了醋，如果加入了柠檬草就不必加醋了。喜欢吃辣的朋友，可以增加青辣椒的用量，也可以在研磨糊状物时加入少量辣椒籽，请依据自己的口味来调整用量。

胡萝卜番茄浓汤

CARROT & TOMATO POTAGE

材料（4人份）

胡萝卜……………200克
番茄（罐头）……200克
洋葱………………150克
大蒜………………1瓣
橄榄油……………1大匙
豆浆………………400克
盐…………………1小匙
干罗勒叶…………少量

1. 将胡萝卜切成1厘米左右的丁，洋葱切薄片，大蒜切末。
2. 在平底锅中倒入橄榄油，油热后炒香洋葱和蒜末。
3. 待洋葱炒软后，加入胡萝卜和番茄，并盖上锅盖，炖至胡萝卜变软。
4. 加入豆浆和盐，用打蛋器搅打至顺滑。
5. 倒入容器中，并点缀上干罗勒叶。

小贴士 由于胡萝卜的味道与番茄的酸味搭配在一起是最合适的，所以请先按照此配方做一次，然后可以根据自己的喜好用其他蔬菜进行改良。油也可以根据配菜的情况替换成香气较少的油，比如椰子油。豆浆也可以换成甜度更高的米浆或者香气更浓的坚果牛奶，这些都是很相配的食材，大家可以多多尝试。

日式豆腐丸子汤

OKARA DUMPLING SOUP

材料（4人份）

· **豆腐丸子**

- 魔芋豆腐 ······· 300克
- 莲藕 ·············· 200克
- 盐 ················ 1/2小匙
- 粳米粉 ············ 80克

· **汤底**

- 水 ······················ 1升
- 洋葱 ·············· 100克
- 香菇 ················ 60克
- 裙带菜 ············ 30克
- 酱油 ················ 2大匙
- 芝麻油 ············ 1大匙
- 盐 ················ 1/2小匙

1. 将魔芋豆腐放入料理机中打碎，莲藕切碎，并加入盐调味。
2. 将步骤1制成的材料放到火上加热，待水分收干后加入粳米粉，搅拌均匀。
3. 将洋葱、香菇切薄片，并用1升的水煮熟。
4. 将步骤2制成的材料捏成丸子，与裙带菜、酱油、芝麻油、盐一起加入步骤3的锅中，煮3分钟左右。

小贴士 魔芋豆腐比一般的魔芋更有嚼劲，可作为肉的代替品来使用。如果将魔芋豆腐切成薄片，用酱油腌渍，然后裹上淀粉油炸的话，则口感很像烤肉或日本的龙田炸鸡块。与米饭拌在一起吃，或是夹在面包里做成三明治吃，都很美味。在此配方中，我将魔芋豆腐打碎，制成类似沙丁鱼丸汤的形式。莲藕切碎后加热，会变得有黏性，可以作为芡汁来使用，其他食谱中也可以使用此方法。

小扁豆汤

LENTIL SOUP

材料（4~8人份）

洋葱	200克	小扁豆	200克
芹菜	100克	番茄（罐头）	400克
胡萝卜	100克	水	800毫升
大蒜	1瓣	盐	两三小匙
橄榄油	30克	胡椒	适量

1. 将洋葱、芹菜切丁，胡萝卜切成1厘米左右的丁，大蒜切末。
2. 锅中倒入橄榄油，油热后炒香洋葱和蒜末。
3. 加入芹菜、胡萝卜、小扁豆、番茄和水，炖15分钟左右。
4. 加入盐、胡椒调味。

小贴士 小扁豆有很多品种，红小扁豆（不带皮）和绿小扁豆（带皮）比较容易买到。红小扁豆很软，略微炖一会儿就变得十分软烂，适合做汤，既黏稠味道又很浓郁。而绿小扁豆几乎无法煮烂，即使长时间炖煮也还是保有豆子的形状，适合享用其豆子本身的口感。不仅仅是口感不同，味道也各有千秋，因此做菜时请依据食谱选用最适合的豆子。我在制作小扁豆汤的时候，通常会以此配方用量的两三倍来做，然后将其中一半冷冻保存。

粉丝汤

HARUSAME SOUP

材料（4~6人份）

洋葱	200克	水	1升
胡萝卜	50克	椰奶	400克
姬菇	50克	香菜叶	适量
大蒜	1瓣	罗勒叶	适量
橄榄油	适量	粉丝	60克
老豆腐	1块	盐	两三小匙
酱油	2大匙		

1. 将老豆腐冷冻后再解冻。粉丝用水泡发。
2. 将洋葱切薄片，胡萝卜切细丝，大蒜切末。
3. 在平底锅中倒入橄榄油，油热后炒香洋葱、蒜末。洋葱炒熟后，加入胡萝卜及撕成小朵的姬菇，继续翻炒。炒熟后盛出备用。
4. 将豆腐沥干，切成大块。
5. 锅中热油（配方用量外），翻炒豆腐，加入酱油后继续翻炒。
6. 加入步骤3中炒熟的蔬菜、水、椰奶，煮至水沸腾。
7. 最后加入香菜叶、罗勒叶、粉丝和盐。

小贴士 我个人非常喜欢泰式料理，所以经常会做椰奶、香菜叶、罗勒叶组合在一起的料理。这三样东西主要在做咖喱的时候使用，我家中会常备椰奶。此配方中，我将老豆腐先进行了冷冻，这样的话吃起来就变成了冻豆腐的口感。不过这一步并不是必须的，可以省略。将老豆腐替换成油炸豆腐，直接做汤也可以。

洋葱奶油蘑菇汤

ONION MUSHROOM SOUP

材料（2~4人份）

洋葱……………… 200克
蘑菇……………… 100克
大蒜…………………… 1瓣
橄榄油…………… 30克
豆浆……………… 400克
盐、胡椒………… 适量

1. 将洋葱和蘑菇切薄片，大蒜切末。
2. 在平底锅中倒入橄榄油，油热后炒香洋葱和蒜末。待洋葱炒熟后加入蘑菇，炒至变软。
3. 在步骤2的材料中加入一半（200克）豆浆，放入搅拌机中搅打至顺滑。
4. 将以上材料倒回锅中，加入剩余的豆浆并加热，最后加入盐和胡椒调味。

小贴士 这道食谱的食材虽然很简单，但是非常美味。步骤3中只加入了一半豆浆，若将豆浆全部加入进去，会起较多泡沫，影响口感，因为使用强劲的搅拌机特别容易搅打出泡沫；也会出现因食材过于黏稠而搅打不动的情况，所以在步骤3中，还是需要放入足量的豆浆，以保证搅拌机搅打顺畅。此外，豆浆可以用米浆或坚果牛奶代替，味道也很不错。

荞麦米意大利蔬菜汤

BUCKWHEAT MINESTRONE

材料（4~6人份）

洋葱………………150克
土豆………………120克
胡萝卜……………120克
芹菜…………………50克
大蒜…………………1瓣
橄榄油……………1大匙
番茄（罐头）……200克
荞麦………………100克
水……………………1升
盐…………………2小匙

1. 将洋葱、土豆、胡萝卜、芹菜切丁，大蒜切末。
2. 在平底锅中倒入橄榄油，油热后爆香蒜末。待蒜末炒香后加入洋葱，炒熟洋葱后，加入土豆、胡萝卜、芹菜继续翻炒。
3. 加入番茄、荞麦和水，盖上锅盖，小火煮20分钟左右。
4. 将所有食材煮熟后，加入盐调味。

小贴士 由于荞麦即使不用水泡，略微用水煮就可以煮熟，所以需要的时候可以即时使用，是一种非常便利的食材。由于这道食谱中使用的是番茄罐头，所以汤底为番茄口味。倘若不用番茄，而用干香菇等菌类的话，加入一些盐调味也可非常美味。也可以减少水的用量，熬成粥食用。

Nutrition Facts

〔面条类〕

NOODLES AND PASTA

核桃南瓜子波隆那“肉”酱面

NUTS & SEEDS BOLOGNESE

材料（2人份）

喜欢的意大利面 ···· 180克	番茄干 ··············· 10克
番茄······················200克	洋葱················· 100克
芹菜························ 50克	大蒜····················· 1瓣
核桃（生）············· 50克	盐、胡椒············· 适量
南瓜子 ··················· 50克	橄榄油 ················ 30克

1. 将番茄干泡入少量的水或开水（配方用量外）中，变软后备用。
2. 将番茄、芹菜、核桃、南瓜子、番茄干放入料理机中，搅打成细小的颗粒状。
3. 将洋葱切大块，大蒜切末。
4. 在平底锅中倒入橄榄油，油热后爆香蒜末。待香气溢出后，加入洋葱翻炒，然后加入步骤2制成的材料继续翻炒。炒熟后，加入盐和胡椒调味。
5. 煮熟意大利面，然后加入步骤4制成的酱料搅拌均匀。

小贴士 我在网络上传的料理视频中，尝试之后得到好评最多的可能就是这道美食。使用料理机搅打核桃和南瓜子时，搅打至适当大小的颗粒状，会更有口感，也有嚼头。另外，如果在放入料理机中搅打之前先炒一下的话，味道会更香。由于番茄干一般都是固体，直接放入料理机中无法搅打成细小的颗粒状，所以需要提前用水浸泡。浸泡番茄干的水不要倒掉，搅打食材需要加水的时候，可以将其加入料理机中。

豆浆白酱意大利面

CREAM PASTA WITH SOY MILK

材料（2人份）

喜欢的意大利面……180克
豆浆……300克
米粉……30克
橄榄油……30克
大蒜……1瓣
茄子……100克
姬菇……50克
味噌……5克
盐、胡椒……适量

1. 将大蒜切末，其他蔬菜切成合适的大小。
2. 在豆浆中倒入米粉，使其溶解。
3. 在平底锅中倒入橄榄油，油热后爆香蒜末。待香气溢出后加入其他蔬菜。加入步骤2制成的材料和味噌，继续翻炒直至酱汁黏稠。加入盐、胡椒调味。
4. 煮熟意大利面，然后加入步骤3制成的酱料搅拌均匀。

小贴士 为了使酱汁黏稠，我使用了米粉，也可以用小麦粉代替，葛根粉、淀粉都没问题。蔬菜请选用应季蔬菜。由于豆浆中只加入盐，味道过于清淡，所以在此配方中我加入了少量的味噌，依据自己的喜好也可以加入酒糟、炒熟的坚果粉、椰子油等。

蘑菇南瓜意式面疙瘩

PUMPKIN GNOCCHI

材料（2人份）

南瓜……………… 300克	大蒜…………………… 1瓣
小麦粉 ……60~100克	橄榄油 ……………2大匙
盐 …………………1/3小匙	百里香 ……………… 少量
灰树花 …………… 100克	盐、胡椒…………… 少许

1. 将南瓜去除子和瓤，切成合适的大小后用水蒸。
2. 在蒸熟的南瓜中加入盐，并用叉子等工具连皮一起捣碎。
3. 在步骤2制成的材料中加入小麦粉，搅拌均匀后揉成一个面团。揉面团时，根据需要调整小麦粉的用量，面团的硬度达到可以从裱花袋中挤出即可。
4. 将面团塞入裱花袋中，在沸腾的开水上方挤出意式面疙瘩。每隔一段长度就用剪刀剪落至锅中，直接用水煮。
5. 待意式面疙瘩浮至水面后再多煮1分钟左右，然后用漏勺将其捞出。
6. 将大蒜切末，灰树花撕成小朵。在平底锅中倒入橄榄油，油热后炒香蒜末和灰树花。
7. 在锅中加入意式面疙瘩，略微翻炒一下，加入百里香、盐和胡椒调味。

小贴士 由于南瓜的种类不同、意式面疙瘩的软硬程度也因人而异，所以小麦粉的用量没有固定的标准，此配方中的用量仅供参考，大家根据自己制作的情况来调整小麦粉的用量。如果用裱花袋，小麦粉的用量少一些也没问题；如果用意式面疙瘩制作器使其成形的话，那就要多加一些小麦粉才比较容易操作。没有意式面疙瘩制作器的话，也可以用叉子的背侧压出条纹花样。

罗勒青酱意大利面

BASIL PASTE PASTA

材料（2人份）

喜欢的意大利面 …… 180克
松仁……………………60克
橄榄油 ………………30克
罗勒叶 ……………… 20克
大蒜…………………… 1瓣
盐 ……………… 1/2小匙

1. 将松仁、橄榄油、罗勒叶、大蒜、盐加入料理机中搅打成糊状物。
2. 煮熟意大利面，然后加入步骤1制成的罗勒酱搅拌均匀。

小贴士 由于罗勒酱放入瓶中可以长期保存，所以多做一些备用会比较方便。将松仁替换成夏威夷果或杏仁也很美味。另外，将一部分橄榄油替换成水，这道美食将会变得更健康。不过，加水之后就不宜长时间保存了，所以做好后要一次用完。当然，不只是意大利面，抹在法棍面包上吃也别有一番风味。

罗勒核桃意大利方形饺

BASIL WALNUT RAVIOLI

材料（三四人份）

· **意大利面面团**

- 粗粒小麦粉（中筋面粉、高筋面粉皆可）……400克
- 水 …… 180毫升
- 橄榄油……40克
- 盐 …… 1/2小匙

· **馅料**

- 洋葱 …… 200克
- 大蒜 …… 1瓣
- 橄榄油……2大匙
- 干牛肝菌 …… 3克
- 核桃（生）…… 80克
- 罗勒叶…… 10克
- 盐 …… 1/2小匙

· **装饰**

- 芝麻菜
- 核桃
- 松仁
- 橄榄油

1. 将意大利面面团所用材料全部混合在一起搅拌，揉成一个面团。
2. 用意大利面条机将步骤1的面团擀成厚约1毫米的面皮。
3. 将洋葱切成丁，大蒜切末。在平底锅中倒入橄榄油，油热后炒香洋葱和蒜末。
4. 将干牛肝菌用少量水泡发。
5. 将步骤3、步骤4制成的材料、核桃、罗勒叶、盐放入料理机中，搅打成极细的颗粒状。
6. 将步骤5搅打好的馅料分成小份，在一整张面皮上每间隔一段摆放一份。
7. 馅料摆好后，用另外一整张面皮覆盖在上面，将面皮的部分（即无馅的部分）轻轻按压，以保证上下面皮之间没有缝隙。然后用花边轮刀切分。
8. 用沸腾的开水煮一两分钟，捞出盛在盘子中，并点缀上自己喜欢的装饰即可。

小贴士 在此配方中，我并未使用任何饺子整形模具，如果使用的话制作起来会更简单也更好看。市面上出售的模具有各种各样的形状和大小，感兴趣的朋友可以自行搜索。关于擀平面皮这个步骤，由于面团本身水分很少，所以仅仅用擀面杖等工具很难擀均匀。因此我建议使用意大利面条机。从零开始做起是一件很有趣的事，而且能够学到很多东西，所以借此机会也多入手一些料理工具吧。

千层面
LASAGNA

材料（4人份）

· 番茄酱

番茄干…………30克
洋葱…………250克
番茄…………200克
大蒜…………1瓣
南瓜子…………80克
核桃（生）……80克
盐…………1小匙

· 白酱

椰子油…………40克
豆浆…………400克
高筋面粉………40克
盐…………1/2小匙
白胡椒…………少量

千层面…………200克

1. 将番茄干用水浸泡几个小时备用。
2. 将番茄酱所用材料全部放入料理机中搅打成糊状物。
3. 在平底锅中倒入椰子油，油热后加入高筋面粉使其化开。待其变得丝滑之后，一点一点加入豆浆并加热，直至变黏稠。加入盐、白胡椒，搅拌均匀，即成白酱。
4. 煮熟千层面。
5. 在耐热容器中铺上煮熟的千层面，依次铺上步骤3制成的白酱、步骤2制成的番茄酱，重复多次。最上面铺一层白酱。
6. 烤箱预热至180℃，烘烤30分钟。

小贴士 这是一道使用波隆那“肉”酱（见P.76）的食谱。喜欢罗勒叶等香料的话，加入一些也会非常美味。步骤5中一层一层浇汁时，也可以加入切成薄片的蘑菇和菠菜嫩叶等。这样的话，口感和味道都会变得更有层次。然后在最上层的白酱上，再薄薄地淋一层橄榄油并用火燎一下的话，无论是从品相还是味道上来说，都更胜一筹。

库莎丽

KOSHARI

材料（4人份）

大米……………300克
意大利细面条····50克
通心粉…………50克
盐……………1/2小匙
水……………600毫升
鹰嘴豆…………100克
小扁豆…………100克
炸洋葱…………适量

·番茄酱

洋葱……………………400克
大蒜……………………2瓣
橄榄油…………………3大匙
孜然……………………1大匙
番茄（罐头）…………800克
盐………………………2小匙
辣椒（依据个人喜好）…适量

·醋味调味汁

醋 ………50毫升
柠檬汁……1大匙
大蒜…………1瓣

1. 将鹰嘴豆和小扁豆用清水（配方用量外）浸泡一晚备用。
2. 将意大利细面条折成合适的长度，与大米、通心粉、盐一起放入锅中。加水并盖上锅盖，用小火煮15分钟左右。
3. 制作番茄酱。将洋葱切丁，大蒜切末。
4. 在平底锅中倒入橄榄油，油热后爆香蒜末和孜然。待香气溢出后，加入洋葱。洋葱断生后加入番茄和盐。依据自己的口味，也可加入辣椒，一边搅拌一边继续翻炒。
5. 将醋、柠檬汁、蒜末混合在一起制成醋味调味汁。
6. 将鹰嘴豆、小扁豆用压力锅蒸5分钟，换新水后继续煮。
7. 将步骤2煮好的食材盛入盘中，并淋上番茄酱、醋味调味汁，摆上蒸好的豆子和炸洋葱。

小贴士 在埃及的很多餐厅中都可以品尝到库莎丽，这是当地人的日常料理之一。我在很多家餐厅中都吃过这道料理，虽然底料的味道基本一样，但是每家店各有特色，调味和所使用的食材不尽相同，真是十分有趣。酸味的醋味调味汁和含有很多辣椒的辣酱是埃及餐桌上必不可少的调料，食客可根据自己的喜好加入，与库莎丽搅拌均匀即可食用。在中国品尝埃及料理的机会可能并不是很多，而库莎丽的食材又很容易入手，所以一定要试试看。

泰式炒金边粉

PAD THAI

材料（2人份）

米粉（金边粉）…………100克
油炸豆腐（或老豆腐）…200克
洋葱…………………………50克
豆芽…………………………50克
韭菜…………………………20克
大蒜…………………………1瓣
植物油……………………3大匙
罗望子膏… 一两大匙（20克）
酱油……………………4～6大匙
棕榈糖……………………一两大匙
花生碎……………………适量
青柠………………………适量

1. 将米粉用水（配方用量外）泡发备用。
2. 将油炸豆腐切成适口大小，洋葱切薄片，大蒜切末。韭菜切成合适长度的小段。
3. 平底锅中倒油，烧热，爆香洋葱和蒜末，待洋葱断生后加入油炸豆腐、罗望子膏、酱油、棕榈糖。
4. 将泡发后的米粉倒入步骤3的锅中翻炒。为了防止干锅可以加入少量的水（配方用量外）。
5. 加入韭菜和豆芽，炒熟后盛盘。
6. 撒入花生碎，并点缀上青柠。

小贴士 泰式炒金边粉的味道，每家店都各不相同，有的店做得很好吃，而有的店做得味道就不太好。由于我个人很喜欢酱料浓稠的，所以如果想品尝到与自己口味相符且酱料浓稠的泰式炒金边粉，还是自己烹饪最棒。罗望子膏是用酸味很重的水果干制成的糊状物。由于这是泰式料理中不可或缺的食材，大家可以到进口超市去找一找。如果实在找不到的话，可以用梅子干代替，不过味道会略有不同。

担担面

DAN-DAN NOODLES

材料（1人份）

·汤底

- 干香菇……2克
- 海带……2克
- 水……160毫升
- 豆浆……160克
- 酱油……2大匙
- 芝麻酱……2大匙
- 辣油……1大匙
- 醋……1小匙
- 花椒（可选）……1/4小匙

·配料

- 大豆肉（肉末）……30克
- 植物油……1大匙
- 甜面酱……2小匙
- 酱油……2小匙

中式面条……1人份

上海青……适量

1. 将干香菇、海带、水放入锅中，煮至水沸腾。
2. 另起一锅，用适量的水（配方用量外）煮大豆肉末，沥干备用。
3. 平底锅倒油，烧热，翻炒大豆肉末。加入甜面酱和酱油，水分收干后关火。
4. 在步骤1的锅中，加入豆浆、酱油、芝麻酱、辣油、醋，依据个人口味还可以加入花椒，将以上食材用小火加热。
5. 将上海青用水（配方用量外）焯1分钟左右捞出，水不要倒掉，继续煮中式面条。面煮好后，沥干水分。
6. 将步骤4制成的汤底倒入盛有面条的碗中，将面、大豆肉末、上海青漂亮地摆上即可。

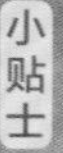

我使用的是调味后制成肉末状的大豆肉，还有一种叫“素肉”的面筋加工品，味道也很相似。甜面酱可以不放，也可以用别的代替。汤的原料之一豆浆如果煮至沸腾会水浆分离，所以一定要注意火候。假如将全部食材做熟后关火，略微冷却后再加入豆浆，可能失败率较低。想要自己制作面条的话，请参考“味噌拉面”（见P.98）的制作方法。

冷汤乌冬面

HIYAJIRU UDON

材料（2人份）

炒熟的白芝麻……3大匙
玉米砂糖…………1大匙
味噌…………………2大匙
青菜叶 ……………… 10片
生姜末 …………… 1小匙
水 ………………200毫升
黄瓜……………… 100克
蘘荷…………………… 1个
喜欢的乌冬面…· 200克

1. 将炒熟的白芝麻和玉米砂糖放入擂臼里捣碎。然后加入青菜叶继续捣，待捣成糊状物后，加入味噌、生姜末、水搅拌均匀。
2. 将黄瓜、蘘荷切薄片，加入步骤1的食材中。
3. 煮熟乌冬面，过冷水后沥干。将乌冬面与步骤2制成的汤一起盛入碗中。

小贴士 这是一到夏天就想吃的菜。在用擂臼将炒熟的白芝麻捣碎之后，我个人喜欢加入一些炒过的核桃、开心果等坚果类食材。由于这道食谱并不需要提前准备什么，只需要将蔬菜切好、将面煮熟即可，所以做起来既简单又轻松。

南瓜花生面

SPICY PUMPKIN PEANUT NOODLES

材料（2人份）

洋葱………………100克
姬菇………………100克
南瓜………………200克
西蓝花……………200克
大蒜…………………1瓣
植物油……………2大匙
辣椒…………………1根
箭叶橙叶片……三四片
椰奶………………300克
水………………500毫升
花生酱……………80克
酱油………………4小匙
盐…………………1小匙
喜欢的面条……2人份
油炸豆腐…………适量
香菜叶……………适量

1. 将洋葱、大蒜切薄片，辣椒切碎，姬菇撕成小朵。南瓜去子、去瓤后切成适口大小，西蓝花切成合适的大小。
2. 平底锅中倒油，烧热，炒香蒜片、辣椒碎、箭叶橙叶片。
3. 加入洋葱、姬菇继续翻炒，然后加入南瓜、西蓝花、椰奶、水、花生酱、酱油和盐，用小火煮至蔬菜熟透。
4. 将面条煮熟，与步骤3制成的汤汁一起盛入碗中，最后加入油炸豆腐和香菜叶。

小贴士 由于这道食谱是泰式风味，所以面条我喜欢使用泰式炒金边粉所用的米粉（金边粉）。箭叶橙叶片带有香气，也可以不加，但是加入后可以增加清爽的香气，做出来的味道会更不错。吃上一口就能感受到异域特色。依据自己的口味，可以加入桂皮、小豆蔻、丁香、孜然、小茴香、肉豆蔻等香料，会别有一番风味。辣椒的量可以增加一些，但如果想凸显南瓜和椰子的甜味，不放也没关系。箭叶橙的叶片在线下实体店很难买到，我推荐从网上购买。多购买一些可冷冻保存，需要的时候即可随时使用。

味噌拉面

MISO RAMEN

材料（2人份）

· **汤底**

- 水 ……………800毫升
- 味噌 ……………… 60克
- 芝麻酱…………… 20克
- 味醂 ……………… 20克
- 辣油 ……………… 5克
- 芝麻油…………… 5克
- 干香菇…………… 2个
- 盐 ……………1/2小匙
- 大蒜 ……………… 1瓣
- 生姜 ……………… 少量

· **中式面条**

- 高筋面粉………… 200克
- 水 ………………100毫升
- 小苏打…………… 10克
- 淀粉 ………………适量

葱丝（可不加）……适量

辣椒丝（可不加）…少量

1. 制作中式面条。将100毫升的水煮至沸腾，加入小苏打使其溶解。
2. 将步骤1中的材料与高筋面粉混合在一起搅拌，并揉成一个面团。
3. 使用意大利面条机，不断重复“擀开-折叠”的步骤，直至面皮变得光滑。
4. 将面皮放入意大利面条机中，使用压面挡切出面条。面条切好后，在所有面条上撒一层淀粉备用。
5. 将大蒜和生姜切末，将汤底的所有材料放入锅中，小火加热。
6. 水烧至沸腾，将面条煮1分钟左右。
7. 将面条和汤料盛入碗中，依据自己的口味加入葱丝和辣椒丝。

小贴士 依据自己的喜好，可以加入很多蔬菜作为配菜。与味噌搭配起来口味较好的蔬菜，有玉米和圆白菜等。将面团用意大利面条机的压面挡切成面条后撒上淀粉，轻轻握在手上揉成面条。未煮之前可以冷冻保存，所以一次多做一些也没问题。加入味醂是为了增加甜味，也可以用甜味调料代替。干香菇可以用晒干的金针菇、杏鲍菇、灰树花等代替，食材不同，汤底的味道也会不同，十分有趣。

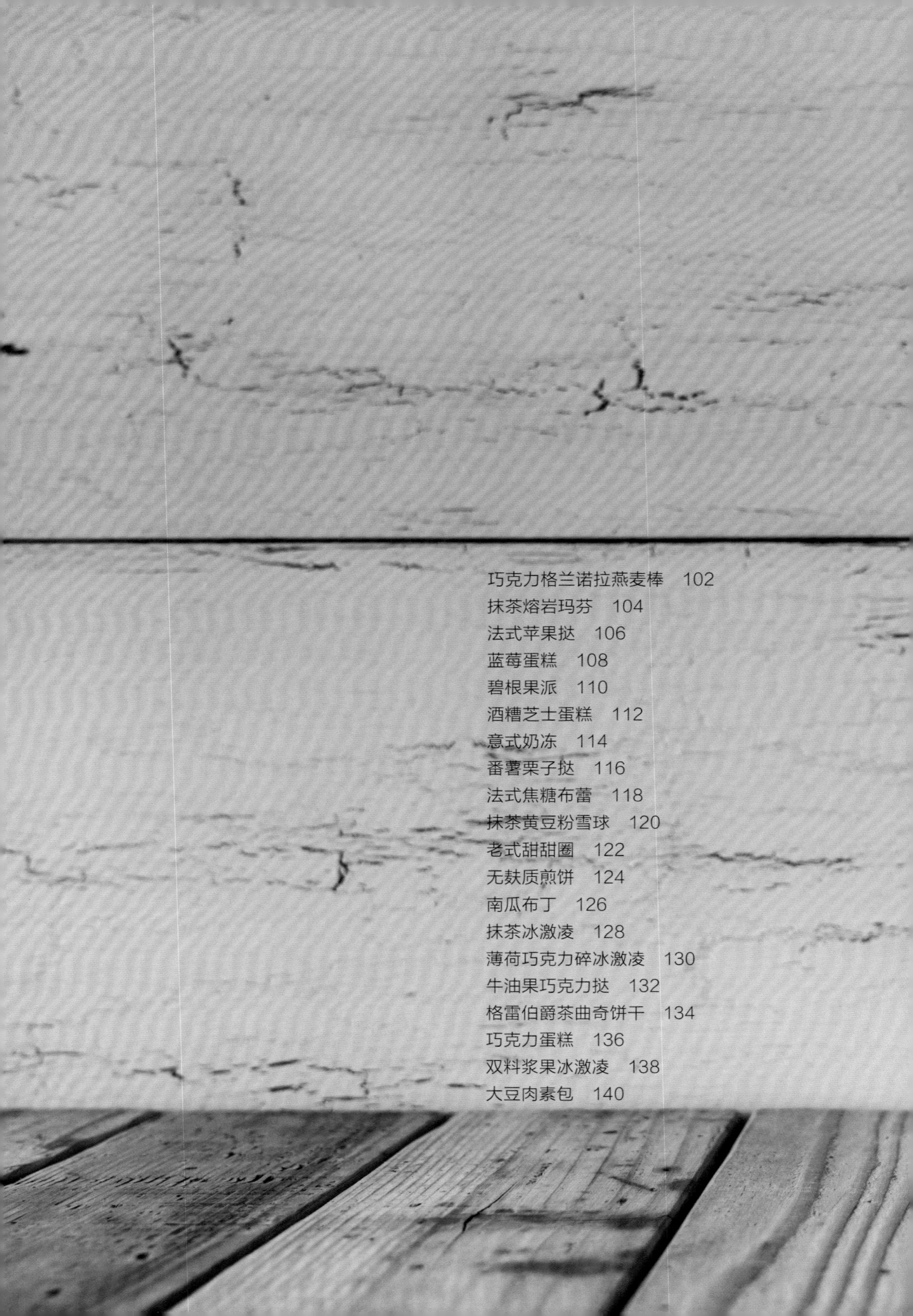

〔甜点与零食〕

DESSERTS AND SNACKS

巧克力格兰诺拉燕麦棒

CHOCOLATE GRANOLA BARS

材料（边长22厘米的正方形，可制作1个）

· **格兰诺拉燕麦**

- 椰子油………… 60克
- 枫糖浆………… 120克
- 燕麦…………… 200克
- 米粉…………… 100克
- 榛子（生）…… 100克
- 桑葚干………… 60克
- 葡萄干………… 60克

· **巧克力酱**

- 可可脂………… 50克
- 椰子油………… 100克
- 枫糖浆………… 120克
- 可可粉………… 120克

1. 制作格兰诺拉燕麦。用小火加热椰子油，油化开后离火，加入枫糖浆。
2. 将燕麦和米粉放入料理机中，搅拌好后与步骤1的材料混合在一起。
3. 将榛子切成小块，与桑葚干、葡萄干一起加入步骤2的材料中，充分搅拌均匀。
4. 在模具中铺上烘焙纸，倒入步骤3中搅拌均匀的材料，烤箱预热至180℃，烘烤30分钟。
5. 制作巧克力酱。用小火加热可可脂和椰子油，化开后离火，加入枫糖浆、可可粉，充分搅拌均匀。
6. 将步骤5制成的巧克力酱倒在步骤4制成的格兰诺拉燕麦上至完全覆盖，然后放入冰箱中冷藏1小时。

小贴士 制作格兰诺拉燕麦时，桑葚干和葡萄干可以根据自己的喜好替换成其他水果干。枫糖浆也可以使用其他液体甜味调料代替。我使用米粉是因为其经过烤制之后会有香脆的口感，但切分的时候很容易切散，如果用小麦粉等其他面粉代替的话也没问题，只不过口感会稍有变化。为了让巧克力保有适当的软度，我同时使用了可可脂和椰子油。如果只用可可脂会变得略硬，很难咬动；如果只用椰子油会变得过软，放在温度高的地方会融化。做好后冷藏保存，当然冷冻的话保存时间更长。

抹茶熔岩玛芬

MATCHA LAVA MUFFINS

材料（直径8厘米的玛芬，可制作6个）

· **抹茶奶油**

豆浆……………200克
玉米砂糖………40克
抹茶粉…………1大匙
木薯淀粉………1大匙

· **玛芬面糊**

全麦低筋面粉····400克
椰奶……………350克
玉米砂糖………150克
植物油…………80克
泡打粉…………2大匙
盐 ……………少许

杏仁（生）………30克

1. 将抹茶奶油的所有材料用小火加热，混合搅拌均匀。呈黏稠状后离火。
2. 在方形冰块模具中倒入步骤1制成的材料，冷冻两三个小时。
3. 在一个大碗中，倒入椰奶、玉米砂糖、植物油，将全麦低筋面粉和泡打粉过筛。加入盐后直接混在一起搅拌均匀。
4. 在模具中铺上烘焙纸，将步骤3制成的玛芬面糊分装在模具中。面糊不要填满模具，约七分满即可。
5. 将步骤2中冷冻后的材料埋入面糊中心，倒入剩下的面糊填满模具。
6. 杏仁切成小丁，撒在面糊上。
7. 烤箱预热至180℃，烘烤35分钟。

小贴士 由于抹茶奶油不易保存，所以我推荐冷冻保存。制作玛芬面糊时，我使用的是全麦低筋面粉，如果用普通的精白低筋面粉代替也可以。使用全麦粉的话，虽然会更健康，但是与精白低筋面粉相比不容易发酵，口感干巴巴的，色泽也不够漂亮，因此根据用途或喜好可以分开使用或混合使用。

法式苹果挞

TARTE TATIN

材料（直径18厘米的挞，可制作1个）

· **馅料**

苹果（红玉）····800克
玉米砂糖·········100克
椰子油···············20克
朗姆酒············· 2大匙
水 ·······················少量

· **挞皮**

全麦低筋面粉···· 140克
木薯淀粉············ 30克
枫糖浆················ 50克
植物油················ 50克

1. 苹果去皮去核，分成4等份。
2. 将椰子油、玉米砂糖、朗姆酒、水混合后加热，煮至沸腾后，加入苹果继续煮。改小火，边煮边搅拌，防止煳锅。
3. 在模具中摆入苹果。摆的时候，尽量不要留空隙，倒入步骤2的锅中残留的汤汁。
4. 将挞皮所用材料全部混合在一起搅拌，揉成一个光滑的面团，并擀成与模具相同大小的圆形面皮。
5. 将面皮盖在步骤3的苹果上，并扎一些小孔。
6. 烤箱预热至210℃，烘烤15分钟；再将烤箱温度调至180℃，烘烤15分钟。

小贴士 任何品种的苹果都可以制作这道甜品，但是我最推荐的是红玉苹果，因为它有酸味且水分不太大。此配方中我将挞皮做成了口感偏硬的曲奇状，如果按照其他配方中的介绍，将面糊做成戚风蛋糕面糊或玛芬面糊，倒在苹果上烤制的话，口感会大不相同，但依旧会很美味。烤熟后让其自然冷却，然后从模具中取出来，馅料部分呈透明状，非常漂亮。由于放入冰箱冷藏的话，透明质地的部分会变得混浊呈半透明状，因此要拍照片的话一定要在放入冰箱之前拍摄。

蓝莓蛋糕

BLUEBERRY CAKE

材料（直径18厘米的蛋糕，可制作1个）

· **底料**

杏仁（生）……30克
燕麦……40克
植物油……30克
椰枣……30克

· **馅料**

腰果（生）……150克
蓝莓……100克
玉米砂糖……130克
椰奶……200克
水……200毫升
葛根粉……2大匙
琼脂粉……$1\frac{1}{2}$小匙

蓝莓……200克

1. 将底料的所有材料放入料理机中搅打。搅打至细小的颗粒状后倒入模具中，将底部铺满。
2. 烤箱预热至180℃，将步骤1制成的材料烘烤15分钟。
3. 将馅料所用材料全部放入料理机中，搅打成丝滑的奶油质地。
4. 将步骤3制成的材料用小火或中火加热，直至呈黏稠状。
5. 在烤好的底料上撒满蓝莓，并将步骤3制成的材料倒在上面。
6. 放入冰箱中冷藏两三个小时。

小贴士 加入琼脂粉是为了使馅料凝固，加入葛根粉是为了让口感变得黏糯。如果只放琼脂粉，很难把握可以使其凝固且软硬适中的用量。假如用量稍有不足，就很有可能无法凝固。所以我将其与葛根粉等淀粉一起使用，不仅可以增加黏糯的口感，而且即使琼脂粉的用量略微多一些也不会变得过硬，十分好用。不管怎样试着做一做吧，去探索琼脂粉和葛根粉的最佳用量或自己喜欢的配比。

碧根果派

PECAN PIE

材料（边长18厘米的正方形，可制作1个）

· 挞皮

- 全麦低筋面粉 …… 120克
- 枫糖浆 …… 30克
- 植物油 …… 30克

· 馅料

- 椰奶 …… 150克
- 腰果（生）…… 70克
- 糙米糖浆 …… 60克
- 棕榈糖 …… 40克
- 波本威士忌 …… 30克
- 木薯淀粉 …… 15克
- 香草精 …… 2小匙
- 碧根果 …… 100克

· 配料

- 碧根果 …… 50克
- 香草冰激凌 …… 适量
- 肉桂粉 …… 适量
- 枫糖浆 …… 适量

1. 将挞皮的所有材料混合在一起揉成面团。当面团变得光滑时，擀成面皮并放入铺有烘焙纸的模具中，并从上面轻轻按压一下。
2. 除碧根果以外，将馅料的所有材料放入料理机中搅打成顺滑的糊状物。
3. 在步骤2的糊状物中加入100克碧根果，并用小火加热，直至呈黏稠状。
4. 在步骤1的面皮上铺满步骤3制成的糊状物，并不留空隙地摆入配料中的碧根果。
5. 烤箱预热至180℃，烘烤30分钟。
6. 烤好后，在顶部放上香草冰激凌，并撒上肉桂粉和枫糖浆。

小贴士 碧根果派是发源于美国南部的一种甜点，主要在圣诞节和感恩节等节日时供应。在当地，底料部分使用的是派皮，但是如果用素食主义者的食材还原派皮的话相当费工夫，所以在此配方中我制作的是比较简单的曲奇饼型挞皮。馅料中的糙米糖浆和棕榈糖虽然可以使用其他甜味调料代替，但是由于糙米糖浆黏黏糊糊的口感是与碧根果派最相配的，所以不建议替换。波本威士忌的用量可以依据自己的喜好进行调整，不想放的话也可以不放，或者用其他的利口酒代替也可以。

酒糟芝士蛋糕

SAKEKASU CHEESECAKE

材料（边长20厘米的蛋糕，可制作1个）

· **挞皮**

- 燕麦……………50克
- 杏仁（生）…20克
- 核桃（生）…20克
- 糙米糖浆……30克
- 盐………………少许

· **馅料**

- 豆浆……………………500克
- 酒糟……………………160克
- 杏仁（生）……………80克
- 大米（或大米粉）……40克
- 玉米砂糖………………160克
- 椰子油…………………60克
- 柠檬汁…………………50克
- 柠檬皮…………………少量

蓝莓…………200克

· **装饰物**

- 椰蓉…………少量
- 蓝莓…………适量

1. 将挞皮的所有材料放入料理机中打碎，打碎后铺满模具中，不要留有空隙。烤箱预热至180℃，烘烤20分钟。
2. 制作馅料。将杏仁、大米用料理机搅打成粉末，加入馅料中剩余的其他材料，继续搅拌均匀至呈糊状。
3. 在挞皮上摆满蓝莓，并倒入步骤2制成的糊状物。
4. 烤箱预热至160℃，烘烤60分钟。
5. 烤好后，装饰上椰蓉和蓝莓。

小贴士 这道甜点的馅料口感比较醇厚。如果想使其口感更绵软的话，可以稍稍减少米粉、酒糟、杏仁的用量，取而代之加入一些低筋面粉和泡打粉，这样做出来的成品会更膨松。挞皮上铺的蓝莓，也可以替换成其他水果。比如草莓、树莓、香蕉、杧果等，请使用自己喜欢的水果。多种水果组合在一起也是很不错的。

意式奶冻

PANNA COTTA

材料（5人份）

· 意式奶冻

椰奶……………400克
豆浆……………200克
枫糖浆…………60克
香草精…………1小匙
琼脂粉…………1小匙

草莓……………100克
枫糖浆…………30克

· 装饰物

草莓……………适量
蓝莓……………适量

1. 将意式奶冻所用材料全部放入锅中，用小火加热。加热至沸腾后离火，倒入容器中。
2. 放入冰箱冷藏一两个小时。
3. 将草莓和枫糖浆放入料理机中打碎成草莓酱。
4. 在冷却凝固后的意式奶冻上倒入步骤3的草莓酱，最后装饰上草莓、蓝莓等自己喜欢的水果。

小贴士 由于椰奶是甜味很重的食材，所以与其他甜品相比，我在这道甜品中减少了甜味调料的比例，喜欢甜口的话可以增加甜味调料的用量。甜味调料不使用枫糖浆也没关系。由于凝固剂我只放了琼脂粉，所以口感上略有嚼劲。如果将琼脂粉的用量减少一些并加入葛根粉等淀粉的话，口感会更嫩滑。

番薯栗子挞

SWEET POTATO TART

材料（直径18厘米的挞，可制作1个）

·挞皮

- 全麦小麦粉…… 170克
- 植物油…………… 50克
- 枫糖浆…………… 50克
- 盐 ………………… 少许

·豆浆奶油

- 豆浆 …………… 200克
- 枫糖浆…………… 30克
- 玉米砂糖 ……… 30克
- 米粉 ……………… 20克
- 椰子油…………… 10克
- 香草精…………… 少量
- 杏仁精…………… 少量

·海绵蛋糕体

- 全麦低筋面粉 … 70克
- 豆浆 ……………… 60克
- 枫糖浆…………… 40克
- 植物油…………… 20克
- 泡打粉………… 1大匙
- 香草精…………… 少量

·番薯糊

- 番薯 …………… 200克
- 豆浆 ……………… 50克
- 枫糖浆…………… 30克
- 椰奶 ……………… 20克
- 肉桂粉……… 1/2小匙

1. 将挞皮的所有材料混合搅拌在一起揉成面团，擀成面皮后铺满模具，并从上方轻轻按压。底面用叉子扎一些小孔，烤箱预热至180℃，烘烤12分钟。
2. 制作海绵蛋糕体。将豆浆、枫糖浆、植物油、香草精混合在一起，全麦低筋面粉过筛后与泡打粉一起加入材料中，搅拌均匀。
3. 将步骤2制成的材料倒在步骤1中烤制好的挞皮上，烤箱预热至180℃，烘烤20分钟。
4. 将豆浆奶油的所有材料混合在一起，用小火加热，直至变成奶油状。
5. 将步骤3中再次烤制后的挞皮表面薄薄地削去一层。在海绵蛋糕体上抹满步骤4制成的豆浆奶油。
6. 将番薯去皮，切成合适的大小，蒸15～20分钟。蒸熟后，连同番薯糊的其他材料一起放入料理机中，搅打成糊状物。
7. 将步骤6制成的番薯糊用筛网过滤，将过滤好的丝滑糊状物装入裱花袋中，使用蒙布朗裱花嘴在步骤5的豆浆奶油上面挤满番薯糊。

小贴士

番薯糊一定要用筛网过滤。制作的时候就会发现，如果不用筛网过滤直接挤的话，裱花嘴立刻就会被堵住。虽然有点儿费工夫，但是用蒙布朗裱花嘴挤奶油这个过程本身还是很有意思的，请一定要尝试一下。豆浆奶油中我同时使用了香草精和杏仁精。杏仁精虽然不是必要的材料，但是加入它会增加杏仁的香气，别有一番风味在其中。

法式焦糖布蕾

CRÈME BRÛLÉE

材料（可制作4个）

椰奶…………………… 300克

豆浆…………………… 200克

玉米砂糖……………… 50克

葛根粉（或淀粉）····30克

琼脂粉 ………………………………… 1/2小匙

橘子皮（或其他柑橘类果皮）····· 2小匙

香草荚 …………………………………… 1/4根

玉米砂糖（制作完成后使用）····· 2小匙

1. 除制作完成后需使用的玉米砂糖外，将全部材料放入锅中充分搅拌，用小火加热至呈黏稠状。
2. 将步骤1的材料盛入容器中，放入冰箱冷藏几个小时。
3. 待表面凝固后，在表面撒满一层玉米砂糖，最后用厨用喷枪喷出一层焦糖即可。

小贴士 这道甜品虽然也可以只用椰奶来制作，但由于椰子的香气过重，所以我混合了豆浆。豆浆也可以用坚果牛奶或米浆等代替。橘子皮一定要放足量。如果是在家里吃的话，也可以省掉用厨用喷枪将玉米砂糖喷成焦糖这一步。自从我开始制作烧烤蔬菜的料理，便不知不觉发现了厨用喷枪的很多用途。这个工具很容易购买到，手边如果有的话做菜可能会变得更有乐趣。

抹茶黄豆粉雪球

MATCHA & KINAKO SNOWBALLS

材料（可制作24个）

低筋面粉………… 120克
杏仁（生）……… 30克
玉米砂糖………… 35克
植物油…………… 30克
椰子油…………… 30克
抹茶……………… 1小匙
黄豆粉…………… 适量

1. 将杏仁放入研磨机中研磨成粉状，并与除黄豆粉外的材料混合在一起。
2. 将混合后的材料分成10克每份，每份揉成一个圆面团。
3. 烤箱预热至180℃，烘烤15分钟。待略微冷却后，撒上黄豆粉。

小贴士 如果没有研磨机，就使用杏仁粉。不用杏仁的话，用腰果、榛子代替也别有一番风味。如果省去抹茶，口味会变得比较平淡。加入可可粉或肉桂、炒香的芝麻等，也很美味。这道甜点的味道很浓郁，吃起来很有嚼劲，由于油分较大，千万不要贪吃哦！

老式甜甜圈

OLD FASHIONED DOUGHNUTS

材料（可制作6个）

· **甜甜圈面团**

- 低筋面粉……300克
- 亚麻籽…………3大匙
- 豆浆……………100克
- 玉米砂糖……100克
- 椰子油…………45克
- 香草精…………2小匙
- 泡打粉…………1小匙

· **巧克力酱**

- 可可脂…………100克
- 可可粉…………80克
- 枫糖浆…………30克
- 香草精…………1小匙

1. 将亚麻籽用研磨机研磨成粉末。
2. 将椰子油用小火化开，然后加入甜甜圈面团的所有材料。充分混合至无干粉后，揉成一个面团。
3. 将面团分成6等份，每份揉成直径8～10厘米的长条。将长条捏成环状，首尾连接处要捏紧，防止断裂。
4. 在环状面团的一面，像画圆圈一样划出一圈裂缝，然后用油温160℃的油每面各炸2分钟。
5. 用小火加热可可脂，化开后离火，然后与巧克力酱剩余的材料混合在一起。
6. 将步骤5制成的巧克力酱倒在炸好的甜甜圈上，待其自然冷却凝固。

小贴士 由于亚麻籽含有水分，且会产生黏液，所以作为面团的黏稠剂使用，然而并不是必须要放的食材。另外，豆浆可以用坚果牛奶或米浆代替，玉米砂糖也可以用其他的甜味调料代替。椰子油的气味我个人非常喜欢，而且用来做料理和甜品时会散发出乳制品般的香气，因此我很爱用。如果不喜欢椰子油的味道，用其他的植物油代替也没问题。面团有时会不容易发酵，这时可以增加泡打粉的用量，或减少亚麻籽的用量。

无麸质煎饼

GLUTEN FREE PANCAKE

材料（1人份）

· **煎饼**

米粉……………… 75克
白高粱粉……… 75克
棕榈糖…………… 10克
豆浆…………… 200克
泡打粉………… 1小匙
香草精………… 1小匙

· **装饰物**

喜欢的水果…… 适量
枫糖浆…………… 适量

1. 将煎饼的所有材料混合在一起，用平底锅将两面煎熟。
2. 最后点缀上喜欢的水果和枫糖浆。

小贴士 因为很难买到无麸质的面粉，所以能使用的面粉种类十分有限。米粉和白高粱粉在烘焙材料丰富的店内能够买到。另外，也可以用鹰嘴豆粉代替。荞麦粉也是无麸质粉，但由于它有黏性，使用的时候与其他口味清淡的面粉混合在一起比较好。

南瓜布丁
PUMPKIN PUDDING

材料（可制作5个）

豆浆……………………400克
南瓜（果肉）…… 100克
枫糖浆 …………………80克
琼脂粉 ………………1小匙
葛根粉 ………………1小匙
香草精 ………………1小匙

· 焦糖酱

棕榈糖…………… 50克
水 ………………20毫升

1. 用小火加热棕榈糖和水，煮至呈黏稠状。煮好的标准是：在水中滴入一滴焦糖酱，如果没有完全溶解并在锅底留有少许，即说明煮好了。煮至恰到好处之后，分装入容器中，放入冰箱冷藏。
2. 将南瓜去子、去瓤，上锅蒸。
3. 将南瓜、枫糖浆、琼脂粉、葛根粉、一半（200克）的豆浆放入料理机中，搅打成丝滑状，并用小火加热。加热至沸腾后，将剩下的豆浆和香草精加入，并混合搅拌均匀。
4. 将步骤3制成的材料倒入步骤1的容器中，放入冰箱中冷藏几个小时。

小贴士 此配方中使用棕榈糖制作焦糖酱。由于棕榈糖与黑糖很像，是味道醇厚的甜味调料，所以即使不像平时制作焦糖时那样焦黄，也能很美味。我虽然使用了香草精，但是如果南瓜的味道很浓郁美味的话，也可以不加香草精，从而保留单纯的南瓜味道。此外，很多食谱在制作南瓜布丁时都会加入肉桂，由于我个人喜欢享受南瓜本身的味道，所以不会放入过多的调味料。

抹茶冰激凌

MATCHA ICE CREAM

材料（可制作1升）

嫩豆腐…………400克

枫糖浆…………150克

椰奶……………300克

日本太白芝麻油 …80克

抹茶粉 ……… 16～24克

1. 将所有材料放入料理机中搅打。
2. 倒入冰激凌机中，待凝固后倒入容器中，放入冰箱中再冷冻几个小时。

小贴士 一般来说，用腰果制作冰激凌时，利用大功率料理机比较方便。然而，这款抹茶冰激凌由于并未使用坚硬的食材，因此用一般的料理机就可以制作出十分丝滑的口感。另外，由于抹茶的味道比较细腻，若加入香草等就不知道变成什么味道了。因此，在此食谱中，我尽可能使用简单的食材。嫩豆腐与椰奶的配比也很重要，由于两者都是味道很重的食材，所以请边品尝边调整用量。只要记住“两者合起来共700克”即可。像其他冰激凌食谱一样，可以使用腰果或豆浆、米浆等，或者也可以将多种食材组合起来使用。

薄荷巧克力碎冰激凌

MINT CHOCOLATE CHIP ICE CREAM

材料（可制作1升）

· **薄荷冰激凌**

- 豆浆……………600克
- 腰果（生）……100克
- 玉米砂糖………100克
- 枫糖浆…………100克
- 植物油……………80克
- 椰子油……………20克
- 薄荷叶……………15克
- 香草精……………1小匙

· **巧克力碎**

- 可可脂……………30克
- 可可粉……………30克
- 枫糖浆……………15克

1. 将薄荷冰激凌的所有材料放入料理机中打碎。
2. 将可可脂切碎放入锅中，加入可可粉、枫糖浆，用小火加热。注意温度不要超过50℃，在可可脂化开之前，一边搅拌一边加热，防止煳锅。
3. 将步骤1制成的材料倒入冰激凌机中，待凝固后逐量加入步骤2制成的材料。
4. 盛入容器中，放入冰箱冷冻6小时左右。

小贴士 目前所做的冰激凌中，这是我最喜欢的一款。薄荷巧克力像牙膏一样，不擅长的人也一定要试试这道甜品。请将巧克力碎在锅中化开，以液体的状态倒入冰激凌机中，便可立刻冷却凝固，再次变成巧克力碎状。我使用的甜味调料是玉米砂糖和枫糖浆，如果有其他喜欢的甜味调料，也可以代替使用。80克植物油也可以用80克腰果代替。大量使用新鲜薄荷的薄荷巧克力碎冰激凌真的是非常美味。

牛油果巧克力挞

AVOCADO CHOCOLATE TART

材料（直径18厘米的挞，可制作1个）

· **挞皮**

- 喜欢的坚果……50克
- 椰蓉……50克
- 枫糖浆……30克
- 亚麻籽……一两小匙

· **馅料**

- 牛油果……200克
- 枫糖浆……60克
- 可可粉……40克
- 椰子油……20克
- 香草精……少量
- 肉桂粉……少量

1. 将挞皮的所有材料放入料理机中搅打，打细之后铺满在模具中。
2. 将馅料的所有材料放入料理机中搅打。
3. 将步骤2制成的材料倒入步骤1制成的挞皮中，放入冰箱冷藏两三个小时。

小贴士 在此配方中，我并没有用烤箱烘烤挞皮，但在倒入馅料之前，如果将烤箱预热至180℃烘烤15分钟也是可以的。亚麻籽有黏稠剂的作用，但没有的话不加也没关系。由于馅料是巧克力口味的，所以“喜欢的坚果”我一般选的是杏仁、榛子、核桃等组合。特别是榛子，与巧克力是绝佳搭配，所以我会多放一些。此配方中虽然只做了馅料，但如果装饰一些浆果类的水果，吃起来味道也很不错。

格雷伯爵茶曲奇饼干

EARL GREY COOKIES

材料（可制作15个）

低筋面粉·········· 100克
木薯淀粉············ 20克
玉米砂糖············ 40克
植物油················ 50克
椰子油················ 20克
格雷伯爵茶叶····· 1大匙
香草精··············· 1小匙
泡打粉··········· 1/2小匙

1. 将格雷伯爵茶叶放入研磨机中研磨成粉状。与剩余的材料混合在一起，揉成一个面团。
2. 将面团整形成长的圆柱形，并用保鲜膜包好，放入冰箱中静置30分钟。
3. 按喜欢的厚度切成圆片，烤箱预热至180℃，烘烤15分钟。

小贴士 制作曲奇饼干时，如果将一部分低筋面粉替换成木薯淀粉之类的淀粉，口感会变得很酥脆。只要是淀粉就行，土豆淀粉、葛根粉都没问题。假如喜欢软糯口感的曲奇饼干，那就不要使用木薯淀粉，全部使用低筋面粉比较好。除了格雷伯爵茶，使用大吉岭茶、印度奶茶、乌龙茶等其他茶叶，也很美味。

巧克力蛋糕
GÂTEAU AU CHOCOLAT

材料（直径18厘米的蛋糕，可制作1个）

低筋面粉………… 140克
杏仁（生）………… 20克
榛子（生）………… 20克
可可粉………………60克
可可脂………………50克
豆浆…………………200克
枫糖浆………………170克
植物油…………………50克
橙皮细屑…………1小匙
香草精………………1小匙
泡打粉………………1小匙

1. 将杏仁和榛子放入研磨机中研磨成粉末。
2. 用小火加热可可脂，化开后离火，加入豆浆、枫糖浆、植物油、橙皮细屑、香草精。
3. 将低筋面粉、可可粉、泡打粉、步骤1中研磨的粉末过筛，加入步骤2制成的材料中，充分搅拌均匀。
4. 将步骤3制成的材料倒入模具中，烤箱预热至160℃，烘烤50分钟。

小贴士 在此配方中，橙皮细屑仅使用了1小匙，但如果使用一整个橙子皮也没问题。当然，也可以用其他柑橘类的果皮代替。但是，由于存在农药残留等问题，所以当买不到有机橙子的时候，我建议使用市面上出售的有机陈皮。依此配方制作出来的成品口味很浓郁。如果想口味清淡一些的话，可以增加低筋面粉的用量。

双料浆果冰激凌

DOUBLE BERRY ICE CREAM

材料（可制作1升）

· **草莓冰激凌**

草莓…………… 600克

腰果（生）….. 180克

椰子油…………. 20克

枫糖浆………… 200克

香草荚…………. 1/2根

· **树莓酱**

树莓…………… 100克

枫糖浆…………. 30克

1. 将香草籽从香草荚中取出，将草莓冰激凌的所有材料放入搅拌机中搅打。
2. 将树莓酱的所有材料放入搅拌机中搅打。
3. 将步骤1制成的材料倒入冰激凌机中，待凝固后盛入容器中，与树莓酱混合后放入冰箱中冷冻。

小贴士 枫糖浆也可用其他甜味调料代替。但是，由于甜味调料种类不同，其甜度也不同，况且草莓的甜度也各不相同，所以有必要依据实际情况来调整甜味调料的用量，请一边品尝味道一边添加甜味调料，并且少量多次添加。在买不到新鲜草莓的时节，也可以使用冷冻草莓进行代替。在向容器中倒入树莓酱和草莓冰激凌的时候，两者交替倒入，以树莓酱浸满全部冰激凌为最佳。即使在容器中未能搅拌，那么用冰激凌勺盛的时候也要充分搅拌一下。

大豆肉素包

VEGAN STEAMED MEAT BUNS

材料（可制作6个）

· 馅料

- 大豆肉（肉末）…· 50克
- 莲藕……………… 100克
- 大葱……………… 50克
- 香菇……………… 30克
- 酱油………………2大匙
- 料酒………………1大匙
- 芝麻油……………1大匙
- 盐、胡椒…………少量

· 包子皮

- 低筋面粉……… 200克
- 水 ……100～120毫升
- 泡打粉…………1大匙

1. 用清水（配方用量外）煮大豆肉末，沥干后备用。
2. 将大葱、香菇切末，莲藕切碎，将馅料所用材料全部混合在一起搅拌均匀。
3. 平底锅热油（配方用量外），翻炒步骤2制成的馅料，直至变得黏稠。
4. 将包子皮所用材料全部混合在一起。用手揉成一个面团后，分成6等份。
5. 用擀面杖将步骤4的面团擀成圆形面皮，包入步骤3制成的馅料。
6. 在蒸锅上铺一层蒸笼用纸，防止包子粘连。包子上锅蒸15分钟即可。

小贴士 此配方中没有使用酵母，仅使用泡打粉发酵面团。对于习惯制作面包的人或时间充裕的人来说，请一定要在制作包子皮的时候加入酵母。由于发酵这一步很关键，能够增加面团的弹性和香气，从而使味道更鲜美，所以多费一些工夫也是值得的。也可以用中筋面粉代替低筋面粉。由于口感和软硬度都会发生变化，所以请根据自己的喜好自行调整。

我的料理工具

不仅仅局限于料理工具，我在选择任何工具的时候，总是会货比三家。假如因价格便宜而忽略性能和功能的话，工具一定会很快坏掉，或者做不成想做的东西，最后还会重新购买符合需求的更好的工具，因此，我时刻谨记：在自己力所能及的范围内，从一开始就选择最好的工具。意式浓缩咖啡机（P.143 图 4）是我在 20 多岁（25 岁之前）去意大利时，在料理机器售卖店一见钟情的料理工具，然而直到几年前才终于得以入手。虽然是手动款，需要熟练掌握技巧且操作复杂，但是冲泡咖啡的过程却很有意思。咖啡研磨机（P.142 图 1）也是意大利制品。维他密斯（Vitamix）破壁料理机（P.143 图 8）虽然价格非常昂贵，但是如果没有它，很多料理都无法制作，日常制作冰沙或坚果牛奶都可以使用。如果想购买好的料理机器，特别是研磨机的话，最好先考虑一下维他密斯破壁料理机。菜刀的话，无论哪个制造商或品牌的都可以，但一定要购买锋利的。因为锋利的菜刀只要小心就不容易切到手指，况且切东西的时候不需要花费多余的力气，不容易得腱鞘炎等疾病。

1

2

3

4

5

6

7

8

9

10

图书在版编目（CIP）数据

素食绫也的创意料理 /（日）高嶋绫也著；卞梦晨译.
—北京：中国轻工业出版社，2021.7
ISBN 978-7-5184-3510-4

Ⅰ.①素… Ⅱ.①高… ②卞… Ⅲ.①素菜－菜谱－
日本 Ⅳ.① TS972.123

中国版本图书馆 CIP 数据核字（2021）第 095549 号

责任编辑：王晓琛　　责任终审：高惠京
整体设计：锋尚设计　　责任校对：晋　洁　　责任监印：张京华

出版发行：中国轻工业出版社（北京东长安街6号，邮编：100740）
印　　刷：北京博海升彩色印刷有限公司
经　　销：各地新华书店
版　　次：2021年7月第1版第1次印刷
开　　本：720×1000　1/16　印张：9
字　　数：200千字
书　　号：ISBN 978-7-5184-3510-4　定价：58.00元
邮购电话：010-65241695
发行电话：010-85119835　传真：85113293
网　　址：http://www.chlip.com.cn
Email：club@chlip.com.cn
如发现图书残缺请与我社邮购联系调换
201339S1X101ZYW